冰洲上的游戏

段煦
南极博物笔记

段煦 著

化学工业出版社
·北京·

图书在版编目(CIP)数据

冰洲上的游戏：段煦南极博物笔记/段煦著.
—北京：化学工业出版社，2021.5
ISBN 978-7-122-38476-8

Ⅰ.①冰⋯ Ⅱ.①段⋯ Ⅲ.①南极-科学考察 Ⅳ.①N816.61

中国版本图书馆CIP数据核字（2021）第022640号

责任编辑：温建斌
责任校对：刘曦阳
装帧设计：尹琳琳

出版发行：化学工业出版社
　　　　　（北京市东城区青年湖南街13号　邮政编码100011）
印　　装：北京宝隆世纪印刷有限公司
710mm×1000mm　1/16　印张25$\frac{1}{2}$　字数340千字
2021年9月北京　第1版第1次印刷

购书咨询：010-64518888
售后服务：010-64518899
网　　址：http://www.cip.com.cn
凡购买本书，如有缺损质量问题，本社销售中心负责调换。

定　价：168.00元　　　　　版权所有　违者必究

谨以此书

献给

一切热爱自然探索的

人们

前言

她，谜一样的存在，是那么的不可想象：在南半球陆地稀少的"水世界"里，在浩瀚无比的南大洋上，在咆哮西风与极地东风的层层包裹之下，岿然伫立在水的中央。她不与任何人陆牵手，处处特立独行。她，冰肌玉骨，粉妆玉扮容貌；她，冷峻傲岸，凝固世间一切；她，宽厚仁爱，庇护亿万生灵。她是集美丽、冷酷、仁慈于一身的女神，所有涉足她境域的生灵都会向她俯身朝拜。

说句实话，给南极洲这样一片广大到接近一个半中国面积的冰大洲去作一番博物学的描述，我的内心是极其惶恐的。尽管那里是我开始从事极地工作的地方，尽管我在七年间，陆续到那里几十个地点从事博物学考察、探险、自然影视作品或科学节目的制作，并且这些地点跨越了东西两个半球的南极大陆；然而，这些工作积累，距离能够"将整个南极洲的自然世界作一番宏观描述"的目标还相差甚远，充其量只能算是一场"十分浅薄的游戏"。受各种因素的影响，近几年，我关于极地的主要工作都放在了与人类文明世界紧密相连的北极地区——拉普兰苔原、北大西洋至北冰洋沿岸、斯瓦尔巴群岛和夏季浮冰区……诚然，地球的两个极地在自然带分布、物种进化、气候变化等方面的确有着众多相似的地方，研究起来可以相互促进，然而对于我来说，南极洲犹如心头的一片净土，让我始终不敢轻易踏足，但又时时魂牵梦萦，因此总是想方设法地找一些只有在那儿才能完成的工作，不时地回到那里，以解我对她的日夜思念。南极工作所能带给我的，已远远不止享受探索和发现的乐趣那样简单和直接；徜徉在冰大洲上，每向前走一步，都是对大自然创造力的由衷赞叹。

　　探索自然世界，是我们人类与生俱来的本能。我们的祖先从走出森林的那一刻起，为了有食果腹、有衣蔽体，一刻也没有停止过在大自然中寻寻觅觅的脚步，身边的家园，更远的山川、河湖、大海，都是我们探索的对象。通过探索自然，我们得到了生存所需的物质保障；通过探索自然，我们的精神世界有了丰富多彩的信息源泉，继而促进了我们的肢体、大脑、思想、智慧、工具、技术、文化等方方面面的进步。进入文明世纪以来，我们探索自然的能力又有了质的飞跃，使探索更加遥远的陆地海洋、深空宇宙成为可能。从相信"地圆说"的亚里士多德提出"未知的南方大陆"假说，到库克船长真的指挥船队在浩瀚的南大洋上穿越极圈；从斯科特等人拖曳着沉重的雪橇从南极点走向生命的最后一刻，到秦大河等人成功横穿冰洲从事自然科学研究；从阿代尔角人类的第一个南极越冬地，到目前30个国家建立的70多个科学考察站：人类对南极洲的认知已经从蒙昧走向逐渐了解。然而，那真理的海洋仍神秘地展现在我们的面前。困扰我们的问题还很多，迄今为止，我们仍然不知道干谷的成因，不知道厚厚冰盖的下面是一片什么样的世界，不知道罗斯海豹冬天里的生活，不知道企鹅的直接远祖是谁，不知道冰架和海冰的日益崩解、消融所影响的气候变化将带我们去向何处……人类目前对于深海、地底和南极洲的了解还十分

作者在罗斯海登陆点的工作照

肤浅，甚至比不上对月球或者火星的认知。

对南极洲的探索关乎人类未来的生存，与每一个人都息息相关，好在我们如今已经意识到这些探索所具有的不可替代的价值，并有义务竭尽全力保持她本该具有的荒原容貌。这需要有更多的人拥有客观的知识来认识她、对待她、保护她，让她继续保持美丽、冷酷和仁慈的丰姿。随着越来越多的人已经或正在准备前往那里，人类活动对她的影响已经成为一个不可回避的问题。国际南极旅游组织协会（IAATO）的数据显示，在 2018 年 11 月至 2019 年 3 月的南极旅游季中，已有超过 56000 人前往过南极，比 2014—2015 年旅游季上涨了 53%，其中从中国赴南极的旅行者已超过 8000 人次，在 12 年间增长了近百倍。现在，我把我所了解的南极洲和我认为相对客观的已有知识，结合实际的考察经历整理成书，希望人们在前往那个异常脆弱的环境之前，对她有一个客观的了解，让她得到应有的敬畏与呵护。

本书在撰写期间得到了与博物学相关的各学科专家的亲切指导，特别是中国科学院院士、中国科学院青藏高原研究所研究员丁林先生，博物学文化倡导者、北京大学哲学系教授刘华杰先生，自然资源首席科学传播专家、中国地质科学院地质研究所研究员苏德辰先生等诸公。感谢多年来陪伴我多次进出极地的同事、战友和支持我的家人。感谢自然与历史影片制作机构 NHCC 为本书提供卓越、丰富且具"作者视角"的珍贵极地影像。感谢本书姊妹篇《斯瓦尔巴密码：段煦北极博物笔记》一众读者朋友们强烈而热情的督促，在你们日以继夜的"鞭策"下，驱使我将本书早日完成。虽然近年来在各界帮助下我对本书文稿进行了无数次的修改，但其中错漏之处仍在所难免，那"真理的大海仍还在眼前……"，如发现有不当之处，欢迎读者朋友们多提宝贵意见，以便今后印刷和再版时更正、补充。

2021 年 7 月 25 日于北京

1

第一章

风与海的
隔绝

晕船时间开始了

2017 年 2 月 16 日，多云，新西兰以南洋面上的某点……今天是上船的第二天。这艘排水量为4000 吨的抗冰船，此时正如同一片轻薄的落叶，载着我，在狂风肆虐的南太平洋上摇来荡去，在波峰与波谷之间起伏，我不能在床上淡定地睡觉。甲板以上所有住人的船舱此刻都紧紧地掩住了门，尽

手机扫码
欣赏精彩视频

管服务员每日都精心打扫，但我敏感的鼻孔仍不时能捕捉到空气中飘过来的一丝呕吐物的气味。

我住的船舱算是相当宽敞的了，是一个标准的长方形，四白落地的墙面，靠船舷的一侧有个正方形的舷窗，拉开窗帘，就能观看海景。窗户下面放着一张写字台，一把小椅子，窗户两边各放一张单人床。床尾的一头儿是两个人用的、宽大的更衣柜，能放下我们的全部行李和装备；另一头儿是安装了抽水马桶和淋浴喷头的卫生间。舱房里住了两个人，室友是位从未经历过远洋航行的摄像师。昨天傍晚，大船自开出布拉夫港（新西兰）那条漫长的防波堤，进入浩瀚无比的太平洋后，这一宿，他就这么一直在床上躺着，身上盖了条薄棉被，脸朝里，一动也不动，一句话也不说。我知道，人在重度晕船的时候，任何一个肢体动作，或者嘴里发出任何声响，都会导致眩晕的加剧。

我的情况比这位仁兄要好一些。起初我也认为，在晕船的时候，最好的治疗就是将自己的身体放平，但我是个好动的人，叫我睁着俩眼就那么直挺挺地躺在床上，可真比晕船还难受呢。我知道转移注意力也能

上 南太平洋浪间
飞翔的鸟

中 南太平洋上的
岛屿

下 航行在浩瀚的
南太平洋上

够熬过晕船，现在天已蒙蒙亮了，我尝试着慢慢起身，再以极慢的速度穿好外套和鞋，往随身背的小包里放上一个保温杯和一台笔记本电脑，蹑手蹑脚地带上了房门。

从甲板往上数，我们住的舱房位于第2层，在我们楼上，有一间带有更多窗户和更大空间的阳光酒吧，我想到那儿去，因为那里会有更多新鲜空气，还能看到更加宽阔的大海。擦拭得光可鉴人的金属扶手贴着墙壁从走廊一直延伸到楼梯间，每隔几米，服务员都贴心地塞进了蜡纸做的呕吐袋，白花花的，仿佛每个纸袋都在对我说："这一趟可真够你小子受的！"我在东倒西歪的世界里，以跟电视里武侠片慢镜头一样的姿势爬上楼，推开酒吧间的大门一看，果然，里面一个人也没有。

我慢慢地爬上那个"我最喜欢的位置"——在吧台和舷窗之间，有一把能够最大限度看海的吧凳，我把胳膊放在台面上一块天蓝色的防滑垫上一支，开始享受一个人的世界。

吧台的对侧有一扇门，能直接通向外面的甲板，因此从门缝里总能吹进来一点清新的空气。这里的室温也比我睡觉的舱房低，所以进到这个房间，脑子一下清醒多了。吧台里空空如也，酒保——那个黑瘦的菲律宾女孩——这会儿应该还在底舱里睡觉呢。我坐在吧凳上适应了一阵儿，开始摸索着，到饮水机那里接了半杯开水，又从放茶包的架子上取了一包带点甜味的姜茶泡了进去，待杯口飘起缕缕白雾的时候，轻轻地放到了嘴边……

平时这个位置总是有人

太阳还没升起，天空的颜色已从深灰色变成了浅灰色，而海水反倒映衬成了墨色。坐在窗前，我想象自己是固定不动的，这样可以"骗"自己不晕，时间一长，看见窗外的大海，就像晃悠在玻璃瓶子里的酱油，一会儿前倾，一会儿后仰，丝毫不觉得那是一场乾坤的颠倒。

西风带的咆哮

　　凡是坐船去过南极或准备到那儿去的人，几乎无人不知在南极洲的外围，有一圈被"西风带"替代了名字的大海，也几乎无人不知那片大海的威力。"盛行西风带"是这一地区的全称，顾名思义，就是地球上全年都盛行刮偏西风的一圈条带状的区域。驻扎在这里的"风婆婆"，有两大"个性"令人景仰：第一是精力充沛、耐心持久，她总是时时刻刻、慷慨无私地吹送西风，叫这一区域少有风平浪静的时刻；第二是脾气大、性格暴躁，风起云涌是她心平气和的表现，稍稍有点儿烦躁，那便是狂涛怒卷，白浪滔天。因此，航海的人们又给这里起了个诨名，叫作"咆哮西风带"。

　　关于这个风带的形成，说来其实并不复杂。在地球的中纬度地区，有来自赤道上空的热空气和来自寒冷极地的冷空气相交汇，受到地球由西向东自转产生的偏向力影响，气流被生生扭转成了偏西风，由于地球无时无刻不在自转，因此这种偏向力自然也就持续不断地起作用，这样一来，偏西风也就越刮越起劲儿了。这个区域就位于南北半球 40°—60° 的纬线之间。众所周知，海风要比陆风吹得强劲，当海风遇到陆地的阻挡时，就必然会减弱或者消失。北半球的陆地比较多，海洋被陆地所分隔的也比较多，因此在北大西洋和北太平洋上的西风就算刮得再起劲儿，一旦撞在北美大陆或欧亚大陆上，也会受到重创。到了南半球，情况就不一样了，南半球的陆地本身就少，而位于南纬 40°—60° 的区域内，竟然没有任何一片陆地能够完全阻隔大海，海洋在这一区域内形成了一圈

完全闭合的水域。这下可好了，海风可以不断地吹，不断地吹，越吹越起劲儿，越吹越陶醉，再汇合起从赤道和其他低纬地区涌来的暖湿气流，就能产生出相当激烈的温度压力变化，进而就可以频繁地形成更加可怕的海上气旋。无论多么大的船舶在这一海域里航行，遇上坏天气，都如同一片飘在风中的落叶一般。因此，除了乘坐高空飞行器，任何人想从文明世界前往远在地球一端的南极洲，都必须穿过这片咆哮的"闭合水域"，最好的选择，当然就是把穿越这片水域的时间、路程压缩到最短。展开一张横版的世界地图，在靠下一点的位置上找，你会发现，人类世界距离南极洲最近的地方是南美大陆最南端的火地岛，那里与南极洲伸出的一只"手臂"——南极半岛仅隔一道德雷克海峡。因此，选择从火地岛上船，跨越这条海峡，就成了大多数南极旅客所选择的最佳路线。但即便如此，这条海峡也有 900 千米宽，乘客单程所承受的眩晕、惊悸与呕吐，仍会有 40 个小时之久。

而今天，我们的目的地是位于东半球的南极洲维多利亚地，它距离最近的人类世界——新西兰南岛的直线距离大约有 2800 千米，我们的航线几乎完整无损地跨越了西风带的全部"精华"所在，除去在沿途岛屿上登陆的时间，单程纯航行的时间将近 150 个小时，堪称一次"完美"的踏浪之旅！

上船的第四天，2月18日，从凌晨起床，直到天光大亮，我就一直趴在吧台上看海、喝茶，偶尔在电脑上写两句"杂感"。对，没有工作，只是杂感而已，趁现在还盯得住，如果不舒服的感觉再强烈一点，那就连这点杂感也没有了，只剩下"而已而已"……

提醒人们去吃早饭的广播响起来了，我这才慢吞吞地从吧凳上爬下来，慢吞吞地走回房间洗漱，完事儿再慢吞吞地走向餐厅。进来一看，偌大的餐厅只有一半的上座率，早进来的食客们都默不作声地吃着眼前的东西，和昨日在港口停泊时吃的那顿晚饭相比，少了许多夹杂各种口音英语的高谈阔论。原来，人高马大的欧罗巴人种也禁不住"风婆婆"的折腾，全都小心翼翼地扶着桌子角和椅子背，从餐架上拿取各自的餐盘，装上一点吃的，再小心翼翼地回座位上默然咀嚼。说起这条船上的餐食，那可真是令人称道！因为船东——那个瘦高瘦高的荷兰汉子曾与我相识多年，我了解他的品性及能力，那家伙从不吝惜在吃饭上花钱，他舍得叫人吃，并且吃得好，这也是我喜欢选择搭乘这条船前往极地的理由之一。记得我们有一次考察活动要整包这条船，曾提出个听起来"十分过分"的要求——24小时供应水果！他居然把整筐整筐的橙子、洋梨、苹果都堆在酒吧里，叫我们随时进去拿。果然，今天的烤肉盘里盛满了烤得流油的培根与香肠；方槽里整齐地码放着各色面包与薄饼；果盘里盛放着去皮切片的甜瓜，以及莴苣叶、甜菜叶和小萝卜缨；架子上摆着各色果酱；篮子里有整只新鲜的橙子、油桃和李子……

现代医学认为，晕船的主要原因跟内耳前庭器官的神经敏感程度有关，那里的神经越敏感，晕得就越厉害。但历次途经西风带的感觉告诉我，你往肚子里装了些什么和装了多少，也会或多或少地影响到你在晕船时恶心、呕吐、反胃、漾口水的程度。因此，在对待持续晕船时吃什么、吃多少和怎么吃的问题时，我总是小心翼翼，不敢有丝毫放纵与懈怠。小牛角面包虽然是我平日的最爱，但里面掺了好多起酥油，不消化的时候会在胃里黏成一坨，那感觉肯定不好；用粗燕麦烤制的面包，虽然在下咽的时候会感到有些拉嗓子，但里边那些没被筛去的麸皮富含粗纤维，吃了反倒可以促进胃肠的蠕动，帮助你肚子里的食物快点往下走；鲜艳夺目的草莓酱酸甜开胃，把它摊在盘子的一角用来蘸面包吃再好不过。至于就面包的菜么，那些烤得油滋滋的肉食闻起来虽然很香，可我一贯虚弱的脾胃，在晕船的时候可对付不了这些不易消化的蛋白质，与其让它在里边待着难受，不如这会儿主动放弃。我拿了一只小瓷碟，到果盘那里夹了一点青翠的生黄瓜片，又夹了一点泛着清香的小萝卜缨，拿到餐桌上蘸着盐花吃，也能将就着把粗面包咽下肚去。冷牛奶和冰镇的各种果汁我没敢动，我的消化系统有"乳糖不耐症"，而那些冷饮也必然会刺激到我那娇嫩的胃，他老人家一旦罢起工来，吃进去的东西多半儿还是要还给大海。就在这时，服务员萨拉端着茶壶过来了，我让他往我茶杯里倒上半杯热热的红茶。

一餐令人踏实的早饭果然能增强人的正气，我自以为是地认为终于可以抗击讨厌的晕船了，就挎着望远镜，晃晃悠悠地去寻找视野更加宽阔的地方看海、观鸟。这回去哪儿好呢？就去 Bridge 吧，现在那儿应该是最好的地方了！Bridge 直译成中文的意思是"桥"，但其实那个房间是驾驶室，为什么管驾驶室叫作"桥"呢？原来，最初的轮船，还真有两个轮子，那是安装在船舷两侧的两组轮式叶片，由于是露在明处的，所以被称作"明轮"。受蒸汽机的驱动，明轮转动起来，就像船桨那样划水前进了。操纵明轮和其他关键机器的操纵杆，就安设在左右明轮间的"过桥"上，这个"过桥"

我在 Bridge 远眺窗外

浪涌打在窗前

就是 Bridge，是全船地位最高的指挥所。后来，明轮船虽然被更加先进的螺旋桨船舶所代替，但 Bridge 的称谓，荣耀地保留了下来。

　　推开 Bridge 那扇沉重得足能让其自动关闭的大木门，我们那位温和儒雅的船长此时正弓着身子，就着工作台上一小片黄色的台灯光线认真地读着海图，他听到门响，扭过脸，极有礼貌地轻声"Hi"了一声，我以几乎同样的声高轻呼一声"Morning"，他就背转身去，我也径直走向前方 180° 视野的宽大玻璃窗前做我自己的事情。窗外的"水世界"，果然是巨浪翻腾，波涛汹涌。船头就像把尖刀，直插进浪涌之中，忽而跌入浪谷，忽而猛然一抬，再次跌入更深的浪谷，洁白的水花朝四下里飞溅开来。Bridge 位于整条船的最高层，距离船舷吃水线有十几米高，而此时，我眼前的一切都模糊了，浪花打在宽大的玻璃窗上，什么都看不清了……

　　这样的情景，仿佛把我带回了 5 年前的一天，也是这样的浪，也是站在这个位置上。那时这条船刚刚改造完毕，它由一艘只服务于某国科研机构的极地特殊用途船只，改造成为专业的极地探险船，开放给各国人用于极地考察、探险和旅游。以下是我那天写的日记，放在这里供你感受：

2012年2月2日　德雷克海峡　阴　风力6—8级

今早被左右摇摆的船体晃醒。被地质锤砸裂的那根食指还在作痛（因前天在长城站区附近指导学生撤离落石山体，在下山的时候手脚并用，锤子从包里掉出来，正好砸在手上——今注，以下同）。我小心地剪开那个被船医包裹得像个大馒头的纱布包，结果看到，手指依然肿胀得厉害，瘀血从甲缝里渗出来，指甲盖肯定是保不住了——它变成了紫黑色……我们的船医——那个金发碧眼的洋妞虽然长得很好看，但显而易见，好看的脸蛋儿并不能够当饭吃，她处置伤口的方法现在看起来还是有些问题的，细密紧致的包扎虽然能够保证手指不被细菌感染，但同时也会阻碍血液循环，并有可能导致肢体坏死。我还有更好的办法，不仅能抗感染，而且能加速毛细血管的循环，并促使快速排出瘀血。只是这办法有一点小小的缺憾，就是一旦施行起来，会感到特别的疼！

我从床底下拖出一瓶95%的医用酒精（这本来是充当生物标本固定液用的东西），在茶缸子里倒了半缸，然后又把电热水壶里余温尚存的熟水兑进去些，摸了摸缸壁，有四十多摄氏度吧。我咬了咬牙，猛地一下把那根肿胀的手指伸进这杯"热酒"里。呀——！突如其来的剧痛显然让我的神经一时间根本无法接受，我感觉我的每一根头发、每一根汗毛都倒竖了起来，然后仿佛整个人都飘了起来，上升，上升，再上升……这一切在吃早饭前都过去了，虽然指甲盖还是紫的，但肿胀的确消散了不少（原方法是当年北京中医药大学张兆同教授亲传，但已被我简单粗暴化改造，只适用于特殊环境，读者请勿效仿）。我到医务室管洋妞要了一个创可贴，完全不顾她的一脸惊讶。

中午时分，铅块一样的云彩再次笼罩住了德雷克海峡，我拿着望远镜在Bridge窗前向着云彩来的方向张望，却没有看到一丝边界。风浪越来越大，5分钟后，大浪开始拍到甲板上，15分钟过后，水花拍到玻璃上。突然，我看到一个身影从舷舱门中探出身来，然后试图向甲板跑去。我和船长几乎同时跑了出来，左右夹攻地将那人拽进Bridge。"你不要命啦？！""Are you crazy？！"我和船长几乎都跟这人急了。这人不好意思地摘下帽子，原来是队员小李，他正局促地搓着手承认错误，表示只是想到船头拍一张船头搏击大浪的镜头。看来年轻人还不了解这种做法可能造成的严重后果。我立刻回到驾驶台，抄起话筒，拧开开关，向全体考察队员广播，再一次强调了穿越浪区时禁止上甲板的重要性及违规后果的严重性。"请大家不要把自己的生命当儿戏！"我以这样的口吻结束了广播。

上　　船舱中的工作照

下　　今天的 Bridge 内景

　　　我扭过头，寻找那个原本安放着广播话筒的地方。咦？话筒已经变样了，我又回到了当下。我发现Bridge的内饰也豪华了许多，以前满目沧桑、被无数汗手抚摸得包浆浑厚的实木墙体现在已经被一种白色的现代化材料装饰得十分整洁光亮，而我却总是感觉失去了点什么似的。我走近驾驶台，读取监视器上的信息，原来，我们的船此时已然航行到南纬59°，东经169°附近了，再往南航行一个纬度，就进入国际水文组织（IHO）所主张的"南大洋"范围了。

南大洋的由来

　　"南大洋"一词，原本如同华北、华南一样，是对一片地理区域的统称，并不是什么地区实体的专属名词，就是指太平洋、印度洋和大西洋南部接近南极洲的海域，多用在地理、水文等领域。而今天，这一"非正式的地名"居然被越来越多的人，在越来越多的语境下谈及，更有说法——"南大洋是世界第五个被确定的大洋""国际水文组织于2000年确定其为一个独立的大洋"云云。难道我们从小就背诵的"地球上有七大洲、四大洋"的说法过时了不成？现在，你在互联网任何一个搜索引擎里只要输入像"南大洋""南冰洋""第五大洋"这样的关键词，就能很轻松地找到这样一些信息：由众多网友参与修订的，有关南大洋确立成新大洋的"百科"、词条、问答，以及公开发表的新闻消息等比比皆是，就连在网络资源共享平台中查询到的专业期刊论文里，也不乏"南大洋……确定为独立大洋"的字眼。我们的世界地图真的"如此这般"地说变就变了吗？难道说，IHO这个一直以来为航道安全和航海环境保护提供服务的政府间组织，真的就能把原本属于太平洋、印度洋和大西洋的南部海域，从南纬60°线上一刀裁开，把以南的部分统统归入"第五大洋"里了？

　　我们简要回顾一下世界地理学的发展史，你就会发现，"第五大洋"的概念其实一点也不新鲜。根据历史悠久的《牛津词典》考证，Southern Ocean（南大洋）这个词，最早可追溯到1702年，那时英国恰好取得了海上霸权的明显优势。近代给全世界海洋进行科学划分并正式命名的"始作俑者"也正是英国人。1845 年，皇家地理学会在伦敦发表了世界大洋的划分方案，他们把世界大洋划分为五个区域，分别是太平洋、印度洋、大西洋、北冰洋和南大洋，其中南大洋以南极圈为其北界，因为当时人们还不知道所谓的南方大陆到底有多大。今天我们知道这样的划分方案有很大弊病，因为南极圈所经过的地方实际上很多都在南极大陆的内部，这样被划分进"南大洋"的海域就变得窄小且支离破碎。果然，进入 20 世纪，就有了不同的声音，为了更加方便，有学者干脆提出了将世界大洋划分为三大洋的方案，即太平洋、大西洋和印度洋，三大洋的南岸延伸至南极大陆边缘，把北冰洋并入大西洋。进入到 20 世纪后半期，国际海道测量局（IHB，也就是后来的国际水文组织 IHO）、联合国教科文组织等机构又多次提出大洋划分方案。然而，这些机构所主张的划分方案和界限，在学术界始终争论不休，并没有得到统一的应用，人们一直还是习惯使用传统的"四大洋"即太平洋、大西洋、印度洋和北冰洋的划分方案。

我在出发前，特意到 IHO 网站上下载了该组织从 1986 年至 2002 年间所有有关海洋划分方案的文件。结果发现，1986 年发布的《海洋的名称和界限》（特别出版物第 23 号文件）中的太平洋、印度洋和大西洋都是向南一直到达南极洲海岸的。而 2002 年的《海洋界限》果然有了关于 Southern Ocean 即"南大洋"的划分方案：南大洋以南纬 60° 为界（这个界限同时也是大西洋、印度洋和太平洋的南部界限）向南，直至南极洲包括南极半岛在内的所有海岸。

但必须着重注意的是，在这份文件的显著位置，也就是一开头就交代得十分明确，即"……'该方案是在 1986 年草案基础上于 1998 年至 2002 年开发的。该报告已于 2002 年 8 月提交给了 IHO 成员国批准，但其指导委员会于 2002 年 9 月中断了投票过程，它仅仅是一份工作文件'……并且该文件'仅用于水文目的，不得将其解释为具有任何法律权利或任何政治意义'"。

因此，对于"南大洋"是否为"新的大洋"，IHO 的这份原始文件表述得十分清楚，既不是"宣布"，也不是"确立"，而只是一份行业内的"主张"而已。

现在，人们在全世界广泛接受的，仍然是我们熟知的"四大洋"方案，中国在 1949 年以后出版的世界地图也都采用了这一方案。

当今世界上的人们之所以大多喜欢采用"四大洋"的划分方案，原因不外乎以下几点：

一、它们的区域相对独立，自然分隔明显，有清晰的、易于规划和理解的地理边界，在地图上一目了然，便于人们的实际应用，如在实际航行、救援活动中具体表述飞行器和船舶的实际位置；

二、四大洋都有自己的中央海岭（大洋中脊），即贯穿整体、成因和特征相似的海底山系（而南大洋恰好缺少这些山系），地质特征统一；

三、概念由来已久，深入人心，并形成相关的文化及归属性，是人们普遍乐于接受的概念。

为何"四大洋"方案用得好好的，IHO 等机构又要把"五大洋"的方案旧事重提呢？原来，随着人们对南极洲的探索早已从原始的地理探险时代迈入到了现代化的科学研究时代，对南极洲周边海域的情况掌握得越发充分。人们发现，在太平洋、印度洋、大西洋南部的环南极洲海域，有与其他大洋所不一样的地方，因此在学术界，一些人便把环南极洲海域作为一个独立的范畴来研究。主要表现在以下两个方面。

一是这里具有独特的洋流。当西风作用下的表层海水在风、地球自转偏向力与下层海水的摩擦力之间取得平衡时，稳定的洋流就产生了，加之环南极洲海域没有陆地阻隔，西风所受摩擦力小，洋流也开足马力畅行无阻，流速越来越快，形成了世界上最强的洋流。以前，人们喜欢把这个洋流称作西风漂流，但现在人们为了区别于北半球相同纬度的西风漂流，便把南半球的称为"西风环流"。不仅如此，人们还把这股海流与因海水密度分布不均匀所产生的地转流，合称为"南极绕极流"。另外，在靠近南极洲海岸外侧，受极地东风的不断吹送，还有一圈冷水自东向西流动，与地球自转的方向正好相反。以上这些闭合性的环状海流，都是其他大洋所不具有的。

二是表现在物种的分布方面。南纬60°附近海域有一些复杂的水团在此处交汇，由于不同水团在温度、盐度等方面的差异十分明显，这条水文界限同时也是一道"看不见的"生物地理分界线——南极辐合带。在这条分界线以南，来自极地的冰冷、含盐量低的表层水下沉向北流动；而北侧则有温暖、含盐量高的大洋水向南流动。适应在南极洲寒冷水域中生活的浮游生物及鱼类，以及帽带企鹅、阿德利企鹅、锯齿海豹等物种分布在这条分界线以南；而以北属于温带的浮游生物、鱼类和海鸟也很少逾越。基于以上理由，也有学者主张把这条水文界限定义为南大洋的北界，但问题又随之出现：每年海流分布和水团"交汇"的位置并不十分固定，受环境气候因素影响很大。以摇摆不定且海面上没有明显地貌标志的水文界限作为正式的大洋边界，除方便少

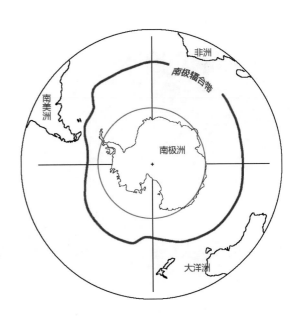

南极辐合带示意图

数自然科学工作者的研究外，显然不便于大多数人的实际操作。

大洋划分的方案服务于人类活动的方方面面，而不仅仅是为少数科学家和专业人员服务。除了自然文化的属性，它还承载着人类社会文化，包括政治、历史、外交、交通等众多方面的重要使命，因此，关于"南大洋"这个名词的表述，还是作为自然科学工作者和专业人士内部交流时对南部太平洋、印度洋与大西洋的区域性描述比较好。将这样一个界限不清，尚有广泛争论的名词作为一个大洋的正式名称，或者说割裂一个人类已经约定俗成、习惯使用已久并承载着丰富文化的成熟体系，显然不合乎道理。好在，目前除了少数国家，包括我国在内的大部分国家出版的世界地图还是"七大洲、四大洋"的格局；课堂上的孩子们，还是继续背诵着"七大洲、四大洋"……

虽然"南大洋"的区域在不同学者眼中的范围并不十分固定，但南纬60°线的意义依然十分重要。它真正的价值表现在，人们从此对"南极"地区的具体范围有了清晰的表述和认识。

左上 南大洋上飞翔的一只黑眉信天翁

左下 南纬60°附近海区的风浪

右 南大洋上巡游的鲸群（大翅鲸）

上　　南极海中站满阿德利企鹅的冰块

下　　随浮冰移动的锯齿海豹

南极地区的范围

　　"南极"是我们熟知的地理名词，单就字面上的意义来讲，以前出版的《地理学词典》有明确的解释——"地轴南端同地面的交点"，这个点就是南纬 90° 纬线缩成的南极点，位于南极大陆的中部，厚度达两千多米的冰盖之上，那里平坦宽阔，往四下里看，到处都是一片白茫茫的。今天，人们在书面和口头上使用的"南极"一词的含义，可远比一个极点的含义丰富得多。与南极点、南磁极、南极洲、南极大陆、南极陆缘海及所属岛屿有关的事情，都能找到以"南极"一词来表述的范例。现在，如果你搭乘邮轮去距离南极圈以北数百公里远的南极半岛或南设得兰群岛，到那里去看了看冰雪和企鹅，那么你就可以自豪地称自己"去过了南极"；如果你是一位自然科学工作者，曾搭乘科考船在南极洲附近海域或岛屿探测了一段水文信息，或者得到了一些样品资料，也可以把这些工作归纳为"南极科考"的一部分，这些都是没问题的。

　　那么，整个"南极"地区，有没有如同"七大洲、四大洋"那样明确的地理范围呢？在 1959 年 12 月 1 日于华盛顿签署，包括中国在内目前已有 54 个国家加入的《南极条约》中，"南极"地区的范围有了一个明确的表述。《南极条约》规定："各条款适用于南纬 60° 以南的地区，包括一切冰架在内。"把南纬 60° 线作为南极地区的外部边缘，虽然在气候、水文和生物地理等方面还有不完全一致的地方，但不得不说，以南极点为圆心，以南纬 90°—60° 之间的距离为半径，用圆规画出一个标准

南大洋上的冰[

的正圆形区域，作为南极地区在国际事务和环境保护方面的范围边界，还是符合客观情况和实际应用的。首先，这是一条"纯水分界线"，在这条分界线上，几乎没有岛屿和陆地，不存在把一个独立地区一分为二的情况；在南纬 60°—90° 的范围内，包含整个南极大陆及罗斯海、阿蒙森海、别林斯高晋海、威德尔海、戴维斯海、宇航员海等所有南极陆缘海。更加巧合的是，在这条纬线以南的岛屿，几乎全都被冰川和洁白的积雪所覆盖，而以北的岛屿大多有绿色的有花植物分布，且这个取整的数字便于记忆，我们使用起来真的十分方便。

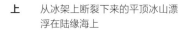

上　从冰架上断裂下来的平顶冰山漂浮在陆缘海上

下左　别林斯高晋海上的霞光

下中　在罗斯海上远眺南极大陆维多利亚地

下右　尽管西风带上风高浪大，但也会有人冒险驾一叶扁舟来到南极

第二章

天涯小屋
和它的主人

人类的第一次南极越冬地初探

2017年2月22日，一觉醒来，四下里异常平静，这是一周以来不曾有过的事情。自离开新西兰，就在西风带上折腾，没有一时一刻平静过。现在，我的床——那片曾在风中飘荡的"树叶"，已彻底降落到了万丈深谷之中，一动不动。我摸索着起来，拉开"人工黑夜"的幕布（自接近南极圈以来，漆黑的夜晚就

手机扫码
欣赏精彩视频

不曾降临过，如果想睡得安稳，就必须在每晚上床之前把这层厚厚的深色幕布严严实实地盖在窗户上），看到一条长长的石山从陆地上伸出来，直插入平静的大海，朝向大海一端，在逆光的时候，仿佛还能分出个眉眼来，犹如趴在水面上的"人面狮身像"。这时，我才意识到，我们的船，已然停住了。

这里就是阿代尔角，是南极大陆伸入太平洋里的一个岬角，位于维多利亚地的东端——南纬71°17′，东经170°13′。它像海王的护法神一样，把守着罗斯海的西北出口。在"人面狮身像"的一侧，风和海浪堆积出一片没有冰雪的三角形沙滩，那里是可以登陆的地方，这在南极洲与大洋交界的地方是极其难得的。由于冰川覆盖和长期遭受风浪侵蚀，在南极洲的外围，想找到这种坡度延缓、没有皑皑白雪或坚冰覆盖的海岸，其概率，微乎其微。

我默默地走向甲板，拿着望远镜慢慢扫视那远处的沙滩，沙滩上默默静立着两座白木小屋，一座没顶，另一座似乎保存得尚且完好。嘀，这就是卡斯滕的小屋呀。不要看不起这两座简陋的"板棚"，它是人类首次在南极大陆上越冬的营地。这个杰作，属于卡斯滕·埃格伯格·博克格雷温克（Carsten Egeberg Borchgrevink）和他的探险队。

上 阿代尔角

中 阿代尔角
海滩

下 小屋远眺

卡斯滕和他在罗斯海上的考察

特里斯坦－达库尼亚群岛2014年发行的邮票，印有卡斯滕头像

卡斯滕于1864年出生在一个挪威人家，爸爸是挪威人，妈妈是英国人。1888年，他移民到了澳大利亚。1892年，作为一个名不见经传的年轻生物学者，他来到新南威尔士州的库尔沃尔学院任教了一段时间。在此期间，他接触到一些有关南极的知识，这些知识让他对那片神奇土地产生了近乎狂热的渴望。各种事实表明，卡斯滕是个敢于想象并能很快付诸行动的人。为了早日看到梦中的南极洲，他赢得了挪威探险家亨里克·约翰·布尔（Henrik Johan Bul）的信任，并在1894—1895年到布尔的"南极号"上做了一名水手。"南极号"其实只是一艘拥有探险风格名字的船，它实际上是一艘装有火力猎杀工具的捕鲸船。在配备了由布尔担任队长的探险队后，它又有了新的身份——为斯文德·弗因（Svend Foyn）服务的商业调查船。没错，这个弗因，就是那个被称为开创了"现代捕鲸法"的人，又一个挪威人，他在1867年发明了一种至今仍被某些国家使用的"鲸鱼毁灭器"——用火药发射的鱼叉枪。传统捕鲸行业所使用的投掷式鱼叉，只能捕捉到那些在大海里游泳速度很慢的鲸，而有

一条上浮的
长须鲸

了这种新式武器，人类便所向披靡，就连大洋中的"游泳健将"——时速在30—40千米的蓝鲸、塞鲸、长须鲸这类大型须鲸也在劫难逃。很快，以前种群数量尚未受到影响的鲸类，如今有了这种新式武器，也被快速赶入了绝境。新式武器虽然令弗因赚得盆满钵满，但他仍不知足，现在他就想知道，在人类最后一个未知海域——南极洲的周围，到底还能捕到多少鲸。是的，北方各大洋中的鲸，已经为数不多了。

　　"南极号"一共配备了11把鱼叉枪，还有1个火药库、8艘小艇和31名船员，包括船长伦纳德·克里斯滕森（Leonard Kristensen）。卡斯滕获得的工作是在甲板上搜寻猎物——时常有可能在海面上出现的南露脊鲸。这是种倒霉透了的动物，它的英文名字叫Right whale，"Right"在这里可以翻译成"适合的"或"恰当的"，Right whale也就成了"很适合（被杀死）的鲸"或"最恰当不过的猎物"。这个"备受侮辱的"名字缘于人类对它们身体的贪婪需求。在当时的西半球，鲸类是首当其冲的能源供应体，鲸脂与鲸蜡（从抹香鲸头部提取制成的固体蜡）是重

上左　捕鲸船上的小艇被遗留在南极洲的海滩上

上右　2019年我在北极圈内的一座旧船坞里找到了类似的挪威小艇

下左　大型鱼叉枪（摄于挪威特罗姆瑟极地博物馆）

下右　不同型号的鱼叉枪（摄于挪威特罗姆瑟极地博物馆）

要的战略物资，它甚至催生出"伟大的"工业革命。人们发现，在这些活的"油山"或"蜡山"当中，性价比最高的，就是这种喜欢在离岸不远的海面上露出脊背和大嘴，游得十分缓慢的南露脊鲸，它们拥有着无比的友善和好奇心，这恰好给猎杀它们的人以极大的方便。人们还发现，这种动物富含的鲸脂，以及口腔内生长的更加珍贵的工业原料——须板，比同体形的其他鲸类要多得多！最令人哭笑不得的是，这种动物被射杀后，还可以长时间浮在水面上任人拖曳。卡斯滕就这样自然而然地占据了甲板上视野最好的位置。这样的工作令他相当满意，他不但可以在甲板上"自由"而"理所当然"地到处巡视，还可以很方便地观察鸟类、冰山、陆地以及任何与极地科学相关的研究素材。

在这次旅行中，卡斯滕从一名南极爱好者，成为一名真正的探险者。影响其一生的事件，就是在这次旅行中，他参与了1895年1月24日人类首次登上南极大陆的壮举。现在想找到有关记载人类最初登上南极大陆的文献挺难，且大多含混不清，有的还相互矛盾。因为这次探险活动的本身是一次多少带点机密性质的商业调查，投资者可不想把辛辛苦苦花钱得来的商业秘密共享给其他人。但今天，不少人都试图从故纸堆里还原出一个最接近真相的"历史"出来，如挪威地质调查局的莫滕·斯梅尔等人，他们的素材多来自阿蒙森的《南极》、贝纳奇路易的《到南极去：1898—1900》、沃格特·大卫的《卡斯滕·博克格雷温克的"南十字座"》、卡斯滕本人的回忆录，以及英国皇家地理学会、澳大利亚南极局等机构所保存的文献等。

对于这段"历史"，历来有不同版本。版本一：1月24日那天，船长克里斯滕森和某船员看到了阿代尔角的这处沙滩，一艘小艇被降到大海里，第一批在这里登陆的有探险队长布尔、船长克里斯滕森、大副和几个水手。只见船长站在船头，随时准备跳上岸（谁不想成为第一个登上南极大陆的人呢？），然而就在小艇即将接近岸边的时候，一个水手突然扔下手里的桨，翻身跳进刺骨的冰水中，抢先跑上了岸，后来，这名水手就一直声称自己是第一个登上南极大陆的人类，他就是卡斯滕。版本二：船长克里斯滕森和卡斯滕不分先后，是那种"肩并肩"登上南极大陆的。版本三：卡斯滕当时在瞭望台最先"发现"了阿代尔角，然后

上左　今天某捕鲸国家的餐桌上仍可见到深红色的鲸肉

上右　洁白的鲸蜡蜡烛（20世纪初生产，英国制造，摄自斯科特南极大本营）

下左　被捕鲸船抛弃的鲸骨在很多南极海岸随处可见

下右　抛弃在南极半岛上的须鲸颌骨残骸（不远处是小艇残骸）

随同大家一起登陆。但根据客观条件和等级次序，更多的人宁愿相信版本四：卡斯滕既不是第一个"发现"阿代尔角的，也不是第一个登陆的，他只是登陆队伍中的一员。

无论卡斯滕到底是不是那些版本中绘声绘色描述的"心机男""能与船长并肩的人"或"拿着望远镜的发现者"，在这次具有重要意义的登陆过程中，他只是一个看来无足轻重的随行人员，探险队长布尔才是被南极探险委员会确认的首次登上南极大陆的人。卡斯滕最大的收获是他凭借自然学者的敏感在南极大陆上采集到了地衣标本，让人们第一次知道在南极这样寒冷的大陆也会有植物生存。

在经历这次"别人"的探险后，卡斯滕再也按捺不住内心的涌动，他觉得自己也该当一回"主角"了，做一个能被写入历史的探险家。他一如既往地想到就去做了。在接下来的两年时间里，他像当年的许多探险家那样，在全球各地演讲自己的探险理念，在英国、德国、美国和澳大利亚，卡斯滕不遗余力，利用这些国家对于领土和资源的渴望，极力鼓吹探索和在南极洲开辟殖民地的重要性。"那里有数百万只企鹅，特别肥……如果把一根灯芯从它们的喉咙放进去点燃，俨然就成了一盏活的天灯……"尽管这些字眼在今天听起来是那么的刺耳，但在当时，的确很具有煽动性。只要说动英国政府或者任何一个大国的政府能够给自己出钱，装备起一艘船和一支探险队，自己就一定能够成为一个伟大的探险家，这就是卡斯滕最初的想法。很快，这个听起来十分漂亮的想法就被无情的现实所毁灭。尽管承诺自己愿意代表任何一个愿意出钱的国家去"发现"一个未知大陆，但那些在军界、学界掌管着国家资源的贵族老爷们眼中，卡斯滕只是个穷得叮当烂响、夸夸其谈的流浪汉，一个没有任何投资价值的"票友"。卡斯滕毫无悬念地遭到了拒绝，他始终没能从英国或者别的国家政府那里得到一个铜板的支持。

幸好，他的勇气和不屈不挠的精神打动了伦敦著名的出版商，拥有50万册销量、以连载福尔摩斯探案小说闻名于世的《海滨杂志》（*The*

左上 生长在南极洲的枝
状地衣

左下 可爱的北极雪橇犬

右 胖鸟（阿德利企鹅）

Strand Magazine）的经营者乔治·纽恩斯爵士（George Newnes）。这位
慷慨的绅士给了卡斯滕 35000 英镑的经费供他支配，这当然是一笔巨款。
利用这些钱，卡斯滕很快找到了船，一条三桅的机动木帆船——仍旧是
一艘挪威人的捕鲸船，改名叫作"南十字座号"（Southern Cross）。卡斯
滕还招募了包括挪威人、芬兰人、英国人和澳大利亚人在内的 10 名探险
队员，这些人在学术和技术上各有专长，包括在极地科学领域十分重要
的气象、地磁和生物学。此外，还有 75 条拉雪橇用的北极雪橇犬。

　　卡斯滕算计着购买了给养，事实证明，他饶有富余地准备出足够使
用三年的给养（主要是食物）是十分必要的。带上船去的物资包括可拆
卸的木屋、两吨英国制造的脱水干粮、一吨黄油以及各种生活、医疗、

科学实验器具。卡斯滕秉承了挪威人所特有的寒带探险素质，他的行前准备可谓细致入微，特别是一些"不起眼的细节"，他都处理得十分到位。这包括屋子采用了"可拆卸的构造、具有隔热层结构和双层玻璃窗"。一种刚刚推出的、来自瑞士的普里默斯炉也被运上了船。还有探险队员的着装，特别是在靴子里填塞进那些柔软、舒适的长纤维抗寒材料——塞内草（Saennegrass，一种产自挪威的莎草科植物 *Carex vesicaria* 的叶子）。这个经验来自欧亚大陆北部各民族，例如我国东北一些民族穿的"靰鞡"（同"乌拉"，指垫有干燥莎草科植物乌拉草 *Carex meyeriana* 的皮鞋）。继坏血病之后，直到今天，冻伤和冻伤引起的肢体坏疽还依然是威胁极地工作者生命的最大伤害，这样的鞋具有良好的保温性和吸湿性，可以在湿冷的环境中让脚不被冻伤。

左　塞内草

右　挪威北部民族
　　萨米人就用塞
　　内草填充驯鹿
　　皮靴

卡斯滕还准备了一批枪支弹药，由于此前人类从未涉足这个大陆的内部，对这片新大陆的信息知之甚少，鬼才知道那地方有没有像北极熊那种能伤人的猛兽。最后要着重说的是，船上还带了 500 面微型的和一面巨幅的米字旗，这仿佛在时刻提醒着卡斯滕，他，是代表着英国去未知大陆勘测和领土拓展的，尽管没有任何官方的授权。

"南十字座号"于 1898 年 8 月从伦敦泰晤士河起航，当时两岸数千人为之欢呼送行。1898 年底，"南十字座号"抵达塔斯马尼亚南部城市霍巴特港，简单休整后再次起锚，卡斯滕带着他的探险队踌躇满志地开

赴南极洲。他们于 1899 年 2 月 17 日抵达阿代尔角，在那里卸下了木屋材料，组装成由两座木屋组成的"雷德利营地"（Camp Ridley），作为人类在南极洲第一次越冬的庇护所。3 月 2 日，在"南十字座号"返回前，卡斯滕在营地升起了英国国旗，他向队员宣布"这是南极大陆上第一次升起国旗"，却全然不顾一旁几年前布尔队长留下的挪威国旗，那是画在一只空箱子上的……

毫无悬念，阿代尔角冬季的生活是异常严酷的。这里地处极圈之内，面朝外海，终年被海风侵袭，冬季气温可低至 –50℃，经常会有狂风和暴雪。最难以忍受的，是无边无际的黑夜所带来的精神损伤，没有充分的准备和得体的物资调控，全军覆没是在所难免的事。显然，卡斯滕在行前考虑到了这些，大多数探险队员在这里度过了人类探险史上的第一个极地严冬。但遗憾的是，动物学家、挪威人尼古拉·汉森（Nicolai Hanson）成了第一个被埋葬在南极大陆的人，他因病没能挺过这个冬天。动物学是当时极地科学的重要研究科目，毫无疑问，这位重要专家的离世，令本次考察成果的影响力大减。经过一个冬季的"蜗居"生活，卡斯滕带领他的队伍从窝棚里走出来，开始在附近进行各种探险活动。

10 月底，海滩和山坡上的积雪开始融化，露出地面上的岩石和地衣，候鸟也回来筑巢繁殖了。卡斯滕他们考察了阿代尔角的海滩和附近的石山，采集了地衣、岩石标本以及鸟类的皮张、羽毛和卵。他们还乘雪橇穿越了尚在封冻期的海峡，登上了附近岛上的几座山峰和冰川，卡斯滕把他所到的这些地方都以英国人的名字命名，这样的工作一直持续到 1900 年初。

阿代尔角西侧的岩壁

左　位于阿代尔角西南侧的一座冰川

中　阿代尔角西侧一座被云遮盖的雪峰

右　阿代尔角附近海面上堆积的碎海冰

　　尽管卡斯滕他们在陆地上折腾了将近1年的时间，但他们最终被历史记录的事情是在返程中。澳大利亚拉筹伯大学教授大卫·戴的畅销书《南极洲：从英雄时代到科学时代》中说，"南十字座号"是1900年2月接他们返程的，卡斯滕让船驶向了更南面的罗斯海。莫滕·斯梅尔整理的时间线则更加详细：1900年1月28日，"南十字座号"回到了罗斯海；2月2日，卡斯滕降下了营地的英国国旗后离开；2月4日，探险队在库尔曼岛登陆，随后再次登上南极大陆，沿着维多利亚地的海岸行走了一段距离……继续南行，进入了罗斯船长命名的伍德湾。2月6日，他们绕过华盛顿角，于2月8日看到了富兰克林岛，并在这里进行了地磁学测量。2月10日上午，探险队望见了罗斯岛上的"恐怖山"，当他们在罗斯岛附近的海岸采集地质样本时，旁边的一座冰山突然发生了大崩塌，一块巨大的蓝冰坠入海中，激起了浪涌，卡斯滕和几个队友旋即被大浪卷走，当同伴们划着小艇来到他们身边的时候，发现他们浑身是血，但他们还活着。2月11日，他们到达南纬78°21′，几天后在罗斯冰架边缘找到了一个可以登上冰架的缺口，他们爬上了冰架并准备向更南的纬度挺进。2月17日是个值得纪念的日子，卡斯滕等人在冰架上朝着南极点的方向"象征性"地走了16千米，到达南纬78°40′的地方，这的确是当时人类到达的地球最南点，卡斯滕在那里自豪地拍了张照片，随后返航回到英国。

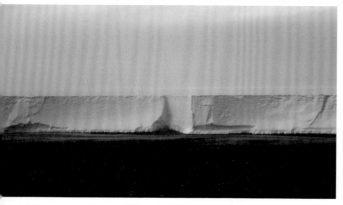

上　从罗斯海上望见的恐怖山

中左　罗斯冰架前缘

中右　聚集在罗斯冰架前的阿德利企鹅

下　远眺富兰克林岛

和卡斯滕当年所鼓吹的——"发现新土地"大相径庭的是，他的船从一出发就驶向了他所熟悉的罗斯海，而那里根本就不是未知的土地，他所探索的大部分地方，其实早在1840—1841年，英国航海家詹姆斯·克拉克·罗斯（James Clark Ross）就已经探索过了，就连卡斯滕越冬的阿代尔角，也是罗斯船长以英国某位贵族的名字命名的。卡斯滕此行的"亮点"是他们在陆地上过了冬，并且的确在冰架上比罗斯往南方多走了一步。

　　现在看来，卡斯滕此行最大的成果其实是为后人铺路。他发现了从平坦的罗斯冰架一路向南，进军南极点的一条捷径。这一点，被后来的探险家所重视和实践，从而引发了20世纪初对南极点探险的竞争。这些人就是罗伯特·福尔肯·斯科特（Robert Falcon Scott）、罗阿尔·阿蒙森（Roald Amundsen）和欧内斯特·沙克尔顿（Ernest Shackleton）。需要着重指出的是，卡斯滕的某些记录在今天依然能够为我们提供有效的参考，例如1900年2月11日，当"南十字座号"正沿冰架前进时，在经过50多年前罗斯曾记录过的冰架前缘某点——大约位于南纬78° 34′附近，发现自1841年以来，冰架前缘已经向南退缩了将近30英里（约48千米），这说明，南极冰架的融化并不是近几十年来才有的事情。

阿代尔角附近浮冰
上的锯齿海豹

　　望着阿代尔角那些黑暗的石山，一阵刺骨的寒风，把我从百余年前的思绪里，又拽回到现实中来。船头的浪花溅起，是 4 只锯齿海豹从甲板的一边，从船底下游到了另一边，它们仿佛把轮船当作了游乐场里的大型玩具。忽然，后甲板上螺旋桨声大作，一架柠檬黄色的直升机腾空而起，朝着阿代尔角的山上飞去，原来是去"扫墓"的那些人出发了。前一天晚餐的时候，我听说这艘船上有位特殊的客人，就是那位埋骨于阿代尔角的挪威动物学家汉森的孙子（探险队长的确是这样介绍的，但也有可能是其曾孙）——小汉森先生，随同他来这里的，还有挪威电视台的摄制组，他们要到老汉森的墓地去看一看，并说要拍摄一部纪录片。随后，卷扬机开始往水里放冲锋舟，不一会儿，水面上便横七竖八地漂起了冲锋舟。等待是漫长的，等待的时候，人们只能安静地看着那些冲锋舟围绕着那片小小的沙滩不停地转。探险队长回来了，他先为自己作了铺垫："海滩被浮冰包围了，探险队找了很久，所有能登陆的地方都不能接近……很遗憾，我们不能在这里登陆。"船舱里传来好一阵的叹息。

　　我想，这就是阿代尔角本该具有的性格吧，因为有关罗斯船长发现它的记载说"……罗斯登陆未果"，而有关布尔探险队的记载则说："'南极号'船员于 1895 年 1 月 14 日就看到了阿代尔角，但因冰情无法在那里登陆。直到 1 月 24 日，才在那里登陆……"

　　这些登陆不成功的原因现在终于都明了了，原来是浮冰的封锁。

上　堆积在阿代尔
　　角的冰山

中　水中嬉戏的锯齿
　　海豹

下　海滩被浮冰封锁

3

第三章

探访
伟大旅程的
起点

斯科特南极点冲刺的起点

英国南极探险队队长斯科特上校
（来源于英国皇家地理学会）

手机扫码
欣赏精彩视频

　　罗伯特·福尔肯·斯科特（Robert Falcon Scott）是个全面的天才，他于 1868 年出生在英国，13 岁时便作为军校生加入了皇家海军舰队，在引航、鱼雷和射击方面都取得了十分出色的成绩，这使他在 22 岁时就晋升为一名皇家海军上尉。也是机缘巧合，他在服役时与皇家地理学会主席克莱门茨·马卡姆（Clements Markham）成了忘年交，这位青年军官的学识和能力深深打动了克莱门茨，继而得到老头儿的力荐，代表英国赴南极洲进行探险，大踏步地探索了此前人类未曾涉足过的不毛之地。在 1901—1904 年的探险中，他发现并命名了南极洲第二大半岛，并以英王爱德华七世命名。回国后，于 1908 年与一个叫凯瑟琳·布鲁斯（Kathleen Bruce）的女雕刻家结婚，并很快有了一个可爱的儿子。本来，一个年轻、幸福、成功、德高望重的皇家海军军官，光明的仕途和富有的生活指日可待。

可他的志向却不在于此，他曾在自己生命最后的日记里写道："……关于这次远征的一切，我能告诉你什么呢？它比舒舒服服地坐在家里不知要好多少！"他于 1910 年 6 月 15 日乘坐"新地号"（Terra Nova）踏上了重返南极之路，去实现他一生中最伟大的目标——代表他的祖国，探索南极点。故事的结局，我想亲爱的读者们早已熟知，特别是斯蒂芬·茨威格的那篇《伟大的悲剧》今天已入选初中一年级的语文课本。如果想更加详细地了解有关这次探险的故事，可以去看当时探险队最年轻的队员阿普斯利·谢里 – 加勒德（Apsley Cherry-Garrard）写的《世界最险恶之旅》。斯科特最终的结局当然是有些遗憾，他不仅没能摘取"第一个登上南极点"的桂冠，还与他的四个同伴，饥寒交迫地死在了回来的路上。我曾经为斯科特的死感到深深的伤痛和惋惜，但在结束 2017 年的南极之行后，我彻底改变了以前的看法。

我探访斯科特 1910—1913 年英国南极探险队大本营（Scott's Terra Nova Hut，斯科特新地号小屋）的日期是在 2017 年 2 月 27 号那天，此时距离斯科特的遇难已然过去了近 105 年。我前往那里的原因，并不是一次科学考察途中的顺路凭吊，而是为拍摄一部反映从东半球的南极洲乘船穿越至西半球南极洲的纪录影片。我在那部片中客串一个"科学主持人"的角色。那天，海面上空一直阴云密布，四下里都是灰蒙蒙的，偶尔飘下来一点小雪花，不时还会刮过一阵刺骨的微风。即便是微风也能刺骨，这样的风格的确"很南极"。

墨蓝色的抗冰船独自停泊在漂满浮冰的麦克默多湾里，离开咆哮西风带的控制，没有了风浪的拍击，这几天，它走得很稳。我的日常作息表恢复了，凌晨起身去顶层甲板上跑圈，晨跑是我每次极地工作期间的常规运动，一则野蛮其体魄，二则察看下天气。天气，是极地工作中最影响人情绪的东西。刚走出舱门，我就感到了冷，非常的冷，抬头看了

埃文斯角基地远眺

看漫天铅灰色的乌云，如同一床厚厚的旧棉絮，盖住了整个世界。远处，埃文斯角（罗斯岛西侧的一个岬角，以斯科特探险队副领队埃文斯的名字命名）上的雪山、冰川和墨色的岩岸，全都被灰调的"环境光"所笼罩。离水不远的海滩上，可以看到一座木屋，屋顶上有烟囱，但没有袅袅升起的炊烟。这是座结构严谨、结实且极具"英伦风"的房子，规模和质量比卡斯滕的阿代尔角基地强过不知多少倍。

　　我的食欲在风平浪静的几天中也恢复了。猜想一整天都会像凌晨时分一样冷，因此在吃早饭的时候，我又自顾自地制造起了"抗寒神器"——白糖黄油三明治来，另外再加烤干了的培根肉片就红茶吃。我用这些高脂高卡的"垃圾食品"把自己的胃填满，又穿上了所有的抗寒装备，自以为没问题了，才步履蹒跚地来到甲板的出口，等候冲锋舟接我们上岸。在向岸边进发的时候，久违的大风忽然又迎面扑来，冲锋舟顶着风，开得很快，轰鸣的马达声裹挟着风的嘶吼，总感觉耳朵里如同塞了两团棉花。那坐在船头的人，尽可能地把身体蜷缩成一个球儿，后面的人则尽可能地缩在他的身后，再后面的人亦然。尽管如此，浪头还是把大朵大朵的水花泼在我们身上。我们无一例外地都穿着绝热材料制成的冲锋衣，那玩意儿不吸水，浪花就立刻在衣领、后背上凝固下来，结成一层厚而坚硬的冰壳。埃文斯角以这种方式欢迎着我们的到来。

当马达停下来的时候，每个人的衣服都厚实了不少，浑身都沉甸甸的，摄像大哥身上的最厚，却满不在乎，他以前是玩儿户外的；美女记者这次学乖了，换上了厚裤子，不会再冻得心律失常。这次登陆，还有一个细节令人记忆犹新，就是走下冲锋舟后，人们第一次使用了硬毛刷子。每个人都得用，前襟上结成的厚冰得自己拿刷子刷掉，后背上的够不着怎么办？就让同伴来刷，而同伴的后背也要同伴来刷。

斯科特新地号小屋全景

埃文斯角基地一角

　　得知木屋内的空间很有限，一次不能进去太多的人，我选择先在外面找一些配合外景的解说内容，等里面不太挤了，我再进去。小雪花此时纷纷扬扬地飞了下来，我离开屋门，踱到面朝大海的一侧墙基，那里的黑沙滩上横躺着一个巨大的铁锚，会是"新地号"留下的吗？再踱到屋后，这里还放着好几大包尚未开封的物资，是那种很松软的大型货包，猜想是马吃的干草，斯科特探极之旅的失利，其实很大程度上是因为他过度相信了矮种马的抗寒和运输能力比狗强。

　　再次回到屋前，看到进去的人还没有出来，我扭头望了望旁边的小山，在这栋房子旁边，只有这一座小山，无疑，它就是斯科特命名的"风信山"（Wind Vane Hill）了。小山不高， 探险队员们描述它只有 60 英尺高，即垂直高度还不到 20 米。顺着蜿蜒的小路几分钟就能爬到山顶，在上山的途中，我遇到了一副狗的骨架，我想，在它活着的时候，无疑也是见过斯科特的。"除风向标外，还有别的气象仪器设在那里"[1]，果然，在

---

❶ 引号中斯科特探险队员们的话均引自阿普斯利·谢里－加勒德的《世界最险恶之旅》（尹萍译，上海文艺出版社，2016 年）和斯科特、威尔逊、埃文斯等人的日记著作。

距离山顶还有几步远的地方，我看到了"百叶箱"，一看就是放科学仪器的，它被固定在一根长杆的下 1/3 处。这个"百叶箱"其实并没有"百叶"，是用厚木板钉成的方匣子，有一面已经破碎了。我仿佛看到山路上，一个摇摇晃晃的身影正向我走来……当年，每天清晨，当探险队员们"睁开惺忪睡眼，会看到气象学家蹒跚出门（辛普森总是步履蹒跚），去他的测磁小屋换记录纸，并上山察看仪器……"。

我想在山上再找一找，看看还有没有什么别的斯科特遗物，据说探险队曾在这附近挖了两个地窖用来保存他们的肉食，但我什么也没有找到，那地窖大概是在积冰或积雪上凿出来的冰窟窿，而如今山坡和山脚下的积雪已然融化得所剩无几。

待我慢慢下山，木屋里的人已经出来不少了，我在入门处的签名簿上写上自己的名字，迈进门槛，风，一下消失得无影无踪。有人把这座营地称作"斯科特小屋"，其实，眼前这座木结构建筑一点也不小，光是主体房间就有 50 英尺（约 15 米）长，25 英尺（约 7.6 米）宽，9 英尺（约 2.7 米）高，外围还有玄关、门廊，背风的一侧连接着封闭的马厩。

小屋平面图

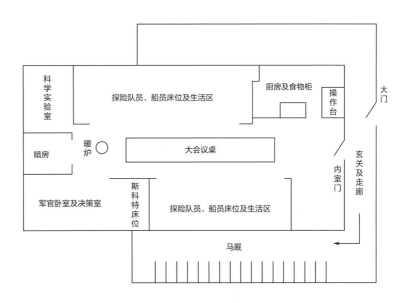

　　外出口位于靠山的一侧，一进去就是门廊，这里是个缓冲区，这个地方与内室的正门并不相对，打开大门并不会影响室内的温度。斜往里走，才是主体房间的门，刚进去时感到有些昏暗，但也绝不至于一片漆黑，可我却一下子什么也看不到了，原来，在我眼镜片上忽地结了一层蒙蒙的白雾，这里面，可真暖和呀。由于身上的冰很难除净，被我忽略掉的帽子、领子上的冰碴一下子全化了，脖子里、脸上都湿乎乎的，不一会儿，就感到身体四周都腾起缕缕的蒸汽。

　　这间小屋"隔热做得很好，是用海带像缝什锦被一样缝成的……"，海带？！真的是海里长的藻类海带吗？据说在屋顶、墙壁、地板下面，到处都用了。用海带做房屋的隔热材料，我是第一次听说，但一经"听说"，就不住地赞叹——真是奇思妙想！真的是海带？还是海带目的其他大型褐藻？例如南大洋中的巨藻。的确，海带目的这些巨大海藻以其叶片硕大、厚实、富含胶质著称，湿润时可塑性好、有弹性，干燥后又紧密结实，与橡胶、毛毡、石棉或者别的什么阻滞热流传递的材料相比，这东西十分轻便，并且可以就近取材（南大洋中生长着许多这样的海藻），还能省去远距离运输的麻烦。"舒适的木屋呵……""……真暖和，留声机运转起来，大家都很开心。非常舒服，比想象中的极地生活舒服得多……""宽敞可比旅馆中的丽兹酒店。外头虽然黑暗、寒冷又多风，屋中却舒适、

左　大型褐藻

右　基地里的取暖炉

温暖又愉快……"，我仿佛亲耳听到了这些队员们打心底里发出的一声声赞叹。

　　等镜片上的白雾散去，我看清了这间"大屋"里的情况。"大屋"呈长方形，从大门口可以一直看到最远的墙壁，正中间放着一张宽阔的条桌，两侧靠里的空间是探险队员的床铺，靠外侧隔出一个相对宽敞的空间用作厨房。

埃文斯角基地
厨房的一角

现在，我刚入大门，也就是站到了厨房的位置。我看到了货架上摆放着各种各样的罐头盒、罐头瓶、调料瓶、纸盒，有的里面还剩下些食物，有的居然还没有拆开包装。粗看上去，这些包装和现代食品工业设计师们的作品几无二致，也喜欢使用红、黄、白、橙等明快颜色，人即便看不懂上面的文字也能知道——装的全是好吃的。斯科特为队员们准备的食物品种丰富得令人咋舌。今天，你仍然可以从不同的队员日记或回忆录中找到有关这支队伍带去的食物品种：南极压缩饼干（英国生产，配方保密）、干肉饼（丹麦生产的一种高能量军粮）、面粉、发酵面粉、燕麦片、脱水蔬菜、食盐、布兰德牌牛肉精、咖喱粉、茶叶、朗翠牌可可、咖啡、雀巢牌炼乳、奶油、乳酪、腌肉、火腿、酸黄瓜罐头、各色鲜果罐头、李子和树莓等各色果酱罐头、沙丁鱼罐头、鳕鱼罐头、方糖、姜糖、牛奶糖、糖浆、巧克力、柠檬水、白兰地等各色酒品……

在厨房的操作台前，摄影师庞廷（Herbert G.Ponting）曾拍摄下埃德加·埃文斯（Edgar Evans）中士奋力为大家揉面的身影。埃文斯后来随斯科特向极点发起冲刺，归来时牺牲在横贯南极山脉。在这张操作台旁，比较随意地放着一只抠盖的四方铁皮筒，这种洋铁筒在我国20世纪70年代乃至80年代的许多家庭都能见到，被用来盛放各种饼干。筒上涂着黄漆，正面印着黑字。最大的一个单词是"LIPTONS"，立顿?! 没错，

左　炊具

右　斯科特基地的食品柜一角

斯科特喝过的
立顿咖啡

这是立顿牌饮料 20 世纪初的包装。

在它里面放着什么呢？产品名称见下一行，"美味的混合型饮品——最好的咖啡与菊苣"。原来是掺了"假"的咖啡啊。英国人素有喝咖啡的习俗，想想都令人舒坦，这在长夜漫漫、寒风呼啸的极地，窝在光线柔和的暖屋里，每餐之后喝上一杯味道香浓、回味悠长的咖啡，那真是件惬意且多少带点奢侈感的美事啊。"咖啡与菊苣"的混搭，本来是出于节约成本的考虑，咖啡豆产自热带，运到欧洲，价格很高，人们就想用一些便宜的东西掺在里面作代用品，比如炒煳了的大麦、橡子什么的，来模仿其味道，而不知是谁发现，菊苣——这种在欧洲极其廉价的土产蔬菜，把它的根切片晒干，再拿到火里去烤上一烤，煮水来喝，竟比那些炒煳了的乱七八糟东西更像咖啡，据说有人还能喝出些香甜的坚果味，于是"菊苣咖啡"便大行其道。

是斯科特给弟兄们买不起纯正的咖啡豆才选择这种"掺假"的玩意儿吗？今天，从斯科特留下的任何一件遗物，不管是建筑、家具、食材还是更小的针头线脑，我们都不难看出，斯科特是个为追求完美甚至有些"神经质"的人，他领导的队伍与卡斯滕的私人探险队不同，他的后台是经费充足的皇家海军，他为每一次探险所准备的给养不仅质量最好，而且在数量上也绰绰有余。后来，我从他更多的厨房遗物和食品账簿、回忆录中发现，斯科特不仅极地户外知识丰富，还很懂医学和营养学。之所以会选择这种"复合型饮料"，是因为这种搭配方法"最科学"！当时的人们发现，咖啡虽然好喝，但有时喝了会胃疼、肚子疼甚至腹泻。今天我们当然知道，这是因为咖啡中的某些成分对胃肠黏膜有刺激，引起消化性溃疡、糜烂性食道炎、胃食管反流病或肠胃炎所致。这些病症在温暖舒适的家里尚且好办，但到了条件极其严酷的极地几乎是致命的，而菊苣中的某些生物碱、多糖和醇类有健胃、止泻、抗痉挛、杀菌等作用，其药理与同科药用植物蒲公英的有效成分类似。菊苣根中还富含膳食纤维，这些营养素还能起到增强肠道蠕动、润肠通便的效果，的确非常适合斯科特的这支队伍。你看，品牌的创始人、精明的托马斯·利普顿（Thomas Lipton，也为托马斯·立顿）老头儿在其产品名称下面，特地用了加粗的黑体字写出了他自鸣得意的广告语："采用锡兰（今斯里兰卡）种植园的精选原料，融合最新科技，爽！健康！更提神！"

直白的广告语，道出了这类嗜好型饮料的本质——满足饥渴之余，还能带来快乐！咖啡、可可和茶被称作世界三大饮料，大行其道的原因不外乎此，可以想见，英国海军——这样一支自大航海时代就一路过关斩将打赢过来的老牌儿海上马车夫部队，对付这帮全是由壮汉所组成、须长期在荒无人烟的海上或陆地艰苦服役的舰队、探险队官兵，必定有着别人难以想象的丰富经验。斯科特自幼便投身海军，年纪轻轻便做起了军官，在带兵方面，他自然深谙此道。对比航海，极地更加令人望而生畏，那里极夜漫长、颜色单调、气候寒冷、远离人烟、劳动繁重、缺乏女性且随时面临死亡，如何让这些壮汉在比海上航行还要艰苦得多的极地长期安心工作呢？他为此带去了幻灯放映机、留声机和大量的图书、报纸、杂志，甚至在船上还养起了蓝色眼睛的波斯猫、松鼠和兔子，但这还是远远不够的，烟草和酒只能作为消耗品损人身体而不能带来能量，酗酒还会误事更有可能引发暴力，而这类嗜好型饮料不仅能解渴和补充能量，还能恰到好处地缓解如上每一项都可能压垮人类意志的东西。这也是三大饮料能够在斯科特厨房里大量存在的原因。

左 未拆包装的糖和糖浆

右 干燥蔬菜罐头

　　伴随三大饮料同时存在并每日大量消耗的，必然是同样能够给人带来能量和快乐的东西——糖。翻开这些探险队员的著作，你会发现，他们每日其实最离不开的东西，并不是咖啡、纸烟等，而恰恰是糖或甜食。

　　嗜食甜味是我们人类还是古猿的时候就有的"旧习俗"，甜味给人带来的愉悦是无法用任何别的东西能取代的。"我们想吃甜食，最好是浸糖浆水的梨""多数人晚上十点上床，有的点着蜡烛看书，常常口嚼一块巧克力"……在整个探险活动中，"极点冲刺"无疑是最重要且艰险的，在出发前，斯科特为每位探极队员设计了这样的"日供应"：饼干16盎司（约454克）、肉饼12盎司（约340克）、糖3盎司（约85克）、奶油2盎司（约57克）、可可粉0.57盎司（约16克）、茶叶0.86盎司（约24克）。你看，除却主食，最重要的东西，就是糖。在厨房的食物架，以及队员储存物资的货架上，我都看到了大包大包利物浦生产的方糖。其实在糖类的选择上，斯科特也在尝试多样化以及带有各种高技术成分的新产品。转化糖浆是19世纪末才发明出来的甜味剂，它是将蔗糖在果

酸（一般用柠檬汁）的分解作用下，通过长时间的熬煮，转化成的一种高甜度单糖，它色泽金黄、富有香味，既可直接溶于饮料，又能用于制作各种糕点，被称为"人造枫糖"或"人造蜂蜜"。探险队每日餐后的甜点布丁应该就是拿这种糖做的。较之白砂糖这类双糖，单糖无需消化就可直接供人体组织吸收和利用，补充热能比双糖更快。这种转化糖浆是用圆形铁罐保存的，存货还很多，有的铁罐外面，半透明的包装纸还没有撕去，Lyle's Golden Syrup（金狮糖浆）的大字清晰可见。

　　用方铁筒装的大宗食物，除了菊苣咖啡和燕麦片，还有干燥蔬菜，这其中当然少不了西餐所必需的卷心菜。而令我没有想到的是，橱架上比卷心菜还多的蔬菜，居然是一种干燥的植物叶柄！带有RHUBARB红字的方铁桶几乎占去了一整面墙！Rhubarb，就是大黄，它是一种丛生的蓼科植物，长着大大的暗绿色叶子，以一根根通红、粗壮的叶柄擎起，地下还生长着同样肥厚的肉质根。这种植物原产于中国北方，早在汉代以前，中国人就用它的根入药，是重要的泻下药。英国人是首先选育大黄作为蔬菜品种种植的，可吃的部分是其有酸

左　大黄的食用
　　分是红色叶柄

右　欧洲大陆种
　　的食用大黄
　　植物

味的叶柄。英国人在培育大黄的食用品种时，注意了叶柄部分的膨大与软化，使这部分变得质嫩多汁起来，由于富含酸甜清口的有机酸、多糖及芳香类物质，吃起来风味独特。在欧洲，人们撕去其外表红色的老皮，留下包裹于其中的碧绿色肉质部分，切碎就可以烹调成沙拉、腌菜，或者将其煮熟，用纱布过滤，加糖熬化，就成了酸甜可口的果酱或者点心馅。

我不禁越发佩服起斯科特的医学知识来。菊苣咖啡、果酱、卷心菜、食用大黄以及军粮以外的主食——燕麦片，这些都是对肠胃非常友好的"高纤食品"，尤其是大黄，虽然欧洲人的改良品种让其中导致腹泻的物质变少了，但它里面仍含有其最原始的药用价值——促进消化神经兴奋、增强肠道运动起到通便作用，并对多种细菌有杀灭功能。在极地生存法则中，"吃"是压倒一切的"头等大事"，而与其相对应的"头等难事"，就是"排"的问题。腹泻易引起其他疾病，当然是要不得的，而便秘同样可怕！让我们看一看已故日本探险家植村直己回忆自己北极探险时的一段描述吧，那已经是20世纪70年代的现代社会了："……在零下30—40℃的情况下，就不能像在城里那样……要大便时，首先辨明风向，在下风头不停地跺脚，同时摘下手套，迅速将冻僵的手插进裤子里，靠体温使手恢复知觉，然后解开扣子，快速把裤子褪下大便。到了后来，我已锻炼得大便只要30秒，极端情况下只要10秒就行……"（胡领太.探索海洋的人们.昆明：晨光

做树莓果酱用的原材料——茶藨子

出版社，1998：110.）可以想见，在斯科特时代，要解决这个"头等难事"会更加困难，斯科特对食物科学、细致地精心挑选，彰显了他遇到困难时能运用头脑，且勇于面对问题的一面。

再往里走，就是探险队员的生活和工作区了。大屋正中间是一张长桌，两侧是探险队员的床铺，走到长桌的尽头，被"墙"分隔出三个开放的小空间。右侧一间的操作台上堆满了玻璃做的瓶瓶罐罐，一看便知那里是科学实验室；中间是冲洗照片用的暗房；左侧的空间比较私密，是军官卧室。这些所谓的"墙"，其实都是"用装了玻璃瓶的箱子隔出来的，箱子并未堆到屋顶高，当要取用箱子里的东西时，就把箱子的一边拆开，空了的箱子就当货架用……"，我看到，有只木箱子上，还印着斯科特的名字。

大屋内最引人注目也是最大型的家具，是那张长桌，它所处的位置居于整间大屋的核心，这里是屋内最体现整个队伍精神、风格与气质之所在。无论何时，桌子的里侧尽头那被称作"桌首"的位置，永远是属于斯科特队长的。其他人则在两边随便坐，"想要跟谁说话就坐那里，或有空位就坐下"，即使是普通士卒，也可以和军官、科学家或者副总指挥坐在一起闲扯。这张桌子在就餐时间就是餐桌，开会时就是权力中心和辩论场，饭后侃大山、学术演讲和表演娱乐节目也在这里，它在平时还被用作队员们的书桌，散放着纸、笔、图表、工具与书。我曾见过一张庞廷拍摄于 1911 年 6 月 22 日（南极的冬至日）的一张照片，大概是这张桌子最为辉煌的一刻：踌躇满志的斯科特依旧坐在桌首，他，面

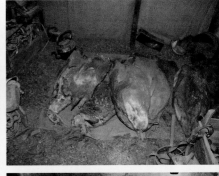

色光洁，前额闪着光，自信地看着他的队员们，桌上"奢侈"地摆放着各色酒瓶（这些酒平日控制得很严）、平底敞口的磨花水晶玻璃杯、高脚的红酒杯、白色的陶瓷餐盘和银光闪闪的甜品勺。一盏电石灯将整张桌面照射得十分明亮，屋里垂满了各色旗帜，尽管已经有两个月没有见到太阳了，但每个人脸上的神情都在告诉我们，对于开春极点的冲刺之旅，队员们已经做好了准备……

现在，眼前的长桌已然褪去了昔日的浮光而显得特别深沉、神秘，星期日铺的深蓝色桌布和就餐时铺的白色油布也都不见了，露出暗黑色、浸透了油渍的表面，上面摆着所剩不多的遗物：一盏可调节的青铜油灯，一个盛放着蜡烛头等杂物的硬木槽，一只搪瓷杯，一个空玻璃瓶子，还有……我居然，看到了一只青花瓷罐！罐子通高约十几厘米，敞着口，青花发色青翠浓艳，层次分明，罐口素白，罐身装饰有"冰裂梅花纹"，也就是以浓艳的钴蓝釉料表现成冰裂的片状，再以淡釉料晕染开来，其间留白并勾画出白色的梅花纹样。冰梅之间留有两处"开光"（勾画出边框的空间），其中一处"开光"中画了两个人物：一头戴风帽的老者立于树下，与一跪在地上的童子交谈，老者面目庄严慈祥，童子低眉顺眼虔诚施礼。这分明是中国清代晚期景德镇民窑生产的一件陶瓷精品，这件文物的全称应该叫"青花冰梅纹双开光教子图盖罐"。可惜的是，瓷罐的盖子已然失去，器身也断裂成几节，好在大屋的守护机构将其用石膏黏合剂修复了起来，使它得以"站立"示人。我很兴奋，眼前这只罐子可能是"走得最远"的一只中国古代瓷器了。没想到在远隔千山万水的南极洲，居然还能够见到凝结着东方辉煌文化的工艺杰作，感到由衷的亲切与自豪。令我不解的是，这个瓷罐的口很小，小到只能勉强放进去一只糖勺，作为西餐桌上糖罐的代用品显然也不合适，因为糖勺的柄很短，但这只瓷罐的腹可深多了。这间屋里的器物曾历遭多支探险队的洗劫（后来的探险者曾多次到这里拿走一些自己需要的东西），南极历史文化遗产的委托管理机构也多次整理、修复和复原这个小屋，因此，这里许多遗物的摆放位置都并非原处了。我后来查阅过英国皇家地理学会所藏有关这间屋子的所有照片，也没有看到这只瓷罐的身影。因此我觉得，比起餐盘这类欧洲仿制的"粗质"白瓷（当时的西方世界也在大量仿制中国瓷器，但质地较粗），这件真正由中国制造的细瓷精品并不是一件普通的餐具，如果不是现代人"恶作剧"般地放在这里，我猜想，它的拥有者是一位来自英国上流社会、品位高尚的绅士，它也应该是这位绅士珍爱的一件具有特殊意义的私人器皿，它会是谁的呢？

"走得最远"的中国瓷器

探险队员的床铺（左图来源于
英国皇家地理学会）

　　长桌两侧的床铺被"复原"得很好，木架子床是那种有梯子的"上下铺"，床板上铺着厚厚的床垫，枕头和被褥叠在床头，毛衣和毯子叠在床尾，钉鞋挂在床架的钩子上，同样属于私人空间的床头木架上散放着几份报纸和一些杂物，床脚竖起的木板上贴着从报刊上剪下来的狗、猫和女人的画片，仿佛主人才刚刚离开似的。

　　科学实验室里堆满了各色烧杯、试管、试管架、玻片、酒精灯、搪瓷水槽以及成摞的坐标纸、记录本，丰富而全面。暗房也是如此，不仅烧杯、试管、各种型号的搪瓷水槽俱全，各色瓶装的显影药品也都安然摆在木架上，这个房间的器皿一点也不比实验室里的少。

　　走进整座基地最为私密的空间——军官卧室，我十分惊诧，全队的灵魂、首脑，英国皇家海军上校斯科特先生原来并没有自己独立的卧房。他和"新地号"执行官、探险队副队长爱德华·埃文斯（Edward R.G.R. Evans）上尉，探险队科学组组长、脊椎动物学家威尔逊（Edward Adrian Wilson）睡在同一间"格子"里。所不同的是，一组折尺形的"墙壁"围住了斯科特床铺的外侧，壁上被木架隔成一个个开放的柜橱，以供他放置带来的大量参考书籍。现在让我们复原一下斯科特在这个铺位上生活时的"半包围"结构吧，床头的一面墙是"折尺"的短边，被分成下、中、上三部分：下部分三层，全是文件夹与资料；中间部分坐在床板上平抬手臂可以接触到，放着日常生活的一些文具杂物，还插着一面小幅的英国国旗；上面部分为两层，全是牛皮或布面的精装书籍。"折尺"的长边紧靠床铺，

从床头到床尾，床下墙根放着斯科特的牛皮行李箱，左侧三层放的全是书。右侧的空间比较大，相当于衣橱，挂着帽子、手套、内衣、套裤、毛线袜子等全套极地装备。床脚前方支起一面 1 米见方的光滑台面作为写字桌。

今天这些木架还在，但那上面一本书也见不到了，几只不知道从哪里收集来的旧瓶子、小搪瓷缸子、旧提灯被应付差事似的摆在这里。窄小的行军床上依然铺着厚厚的床垫，床头叠着一条暗绿色的军用毛毯，令人匪夷所思的是，本该被一张深色的、铺得很平的薄毛毯覆盖

左 驯鹿皮做的卧具

中 斯科特在自己的
小空间里工作
（来源于英国皇
家地理学会）

右 斯科特的床铺

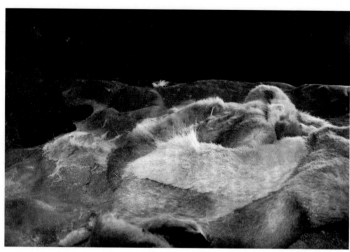

左　　化学实验器具

中　　暗房一角

右　　科学实验室一角

的床面上，竟然放了一只脏兮兮的、只有在出野外时才会用到的驯鹿皮睡囊。原本被斯科特经常擦拭得一尘不染、光洁得连点橡皮屑都没有的小台面也赫然支在那里，斯科特喜欢在这张台面上看书，但现在，往日的光辉也被厚厚的污尘所掩盖住了。可能是为了把这个空间"打扮"得更有"内容"一些，今天的房屋"负责人"竟然在这个台面上乱哄哄地堆放起一沓伦敦出版的《周报》（*The Weekly Press*）、掉瓷的搪瓷碟子、线轴、用完的破牙膏皮……最夸张的是，桌面的大部分空间竟然被一个死鸟头和一整只帝企鹅的尸体所占据，布置这样的场景难道是在

告诉来访者，斯科特今天要替住对面的动物学家威尔逊顶班？这对于每日都要擦桌子、对生活追求完美并似乎还有点"洁癖"的斯科特来说，如此"复原"未免过于画蛇添足了吧？

住对面的威尔逊是一名医科出身的自然科学工作者，他学识渊博、待人和气、遇事冷静并总能提出有效的解决方法，即使事情再糟或异常痛苦，也从不唉声叹气或嗔怪抱怨，他是所有队员们都钦佩、爱戴并愿意与之交谈的人，大家亲切地叫他"比尔"或"比尔叔"。在斯科特1901—1904年的南极探险时，他们就曾在一起共事过，他当时担任"发现号"的随船博物学家和助理外科医生。比尔优秀的工作成绩和对极地近乎痴狂的无尽热爱深深打动了斯科特，他们成了最要好的战友和同事，在遇到各种棘手、令人烦恼的事情时，比尔是斯科特保持镇静的"堡垒"，斯科特曾感慨地说："到达极点时，我愿携着比尔的手！"而比尔的愿望居然也是："愿我能去！"比尔也没让斯科特失望，他以丰富卓越的野外工作使人类第一次科学、系统地了解了南纬70°以南的生命世界。为了探索当时人类已知唯一的帝企鹅繁殖地，他竟然选择在无比寒冷的冬季极夜（帝企鹅在此时繁殖）出发，冒着生命危险获取已经孕育了胚胎的鸟卵，并试图找到爬行动物与鸟类之间进化过程中的重要一环。他的另一大功绩来自他高超的艺术天分与绘画技艺，他获取了当时人类对南极最为丰富、生动、准确的影像记录。当时的摄影术还很原始，不仅没有色彩，并且对物象的还原十分有限，对那些罕见的光学自然现象更是无能为力。比尔的画技可以确保模拟出太阳、极光、日晕的光线、色彩变化，根据这些变化你可以放心推测它们出现在天空中的位置和角度。他无所不画，气象和冰物理现象、动植物、岩石露头、地理标识物、队员风貌都是他的记录对象。他还极其勤奋，直至生命的最后，仍不辍笔。1912年1月17日，他与斯科特拉着彼此的手登上了南极点，18日，他还画了画……令人唏嘘的是，10个月后，当搜救队来到罗斯冰架上的一座补给站附近时，发现了一顶几乎被雪掩埋了的帐篷，打开帐篷门，斯科特的遗体安详地躺在中间，比尔在他左边……

在生命的最后，斯科特给每位探极队员的家属写了信，在给威尔逊太太的信中说：他（比尔）的眼睛散发出能安慰人的希望之光，他的心灵平和，信仰让他心安理得，知道自己是万能上帝宏图伟构的一部分……他是个勇敢、真诚的人，是最好的同仁、最忠实的朋友。

我望着威尔逊那张窄窄的小床，看了又看，却无处去采一支小小的白色雏菊。

当拍摄工作结束的时候，大部分人已经回到船上去了。接我们的冲锋舟还没有来，我站在海边等船，回首望见大屋，它剪影般伫立在风信山下，四下里静悄悄的，大屋的门轻掩着，仿佛斯科特和他的队员们还在里面聊天。我不禁沉思起来，很多人把斯科特与阿蒙森作对比，认为在这场比赛中阿蒙森是个胜利者，斯科特是失败者，但斯科特在回来的路上死了，死者为大，为一个事业，人家把命都搭上了，似乎也可以称得上是个"英雄"。这样的对比，对斯科特来讲，有失公允。

左上 威尔逊与埃文斯的床铺

左下 斯科特探险队使用过的电报机

右 设置在山上的科学实验仪器

斯科特留下了什么

斯科特的"竞争者"——罗阿尔·阿蒙森（Roald Amundsen）曾于1903—1906年实现了欧洲航海家们几个世纪以来的梦想——成功打通"西北航道"（从北极连通起大西洋和太平洋的航线），阿蒙森因此而名声大噪。正当他准备"乘胜追击"，继续开拓自己的北极探险时，1909年9月传来了美国人罗伯特·皮尔里（Robert Peary）和弗雷德里克·库克（Frederick Cook）已经作为第一拨人类到达北极点的消息。阿蒙森遂决定前往南极洲，并赶在斯科特之前拿下南极点。1910年8月9日，阿蒙森指挥"前进号"（Fram）从挪威出发向南航行，而斯科特早已于6月1日驶离英国前往南极洲，此时正鼓足风帆航行在南大西洋上。阿蒙森于1911年1月抵达位于罗斯海东侧的鲸湾，他们登上了罗斯冰架，并在那里安置了一个越冬营。尽管他们对前方的路径不熟，但这里的确比斯科特出发的罗斯岛更接近南极点。1911年10月19日（一说20日），阿蒙森与4名同伴和52只雪橇犬驱使着4部雪橇向南极点飞奔而去。他们越过罗斯冰架，在今毛德皇后山脉（Queen Maud Mountains，横贯南极山脉的一部分）的一处豁口奋力登上了南极高原。1911年12月14日，他们到达南极点，升起了挪威国旗。在极点，阿蒙森做完一些观测研究后于12月17日启程北返。1912年1月25日，全员安然无恙地回到了船上。待斯科特在极点看到阿蒙森他们的足迹时，已经是阿蒙森他们离开5个星期后的事情了。

实际上，把英国1910—1913年的南极考察活动当作一支比赛"由谁先来到南极点"的参赛队，和阿蒙森率领的南极点探险队作比较，是不

"新地号"铁锚

公平的。两支队伍在某些方面虽有相似性，但其根本目的、团队性质和基本任务有着本质区别。阿蒙森去南极点的原因大部分是出于个人抱负，能成为首先登临南极点的人类代表并为国争光，这是他带领探险队来此的唯一目标，在所有的时间配置、人员构成、物资调控方面，均为这一目标服务。而斯科特则不同，英国当时凭借数百年来海上霸权的争夺、工业革命的成功，已成为世界上最强大、海外殖民地最多的"日不落帝国"，探索全球一切未知岛屿、陆地、海岸线，代表着整个国家的"兴趣"和"战略需求"，他们早就察觉出对新世界进行科学、深入、细致、全面的探索，对未来占有并开发其资源具有不可替代的战略意义。因此自"地理大发现"时代（15—17世纪）开始，博物学、地理学、气象学、地图学等一切与探索新世界有关的学科极速发展，科学研究成为新海洋、新陆地探险的一项极其重要、具有战略意义的习惯和传统。可以说，斯科特的探险队，从成立伊始，就肩负着对新大陆进行深入、细致考察的使命，招募的探险队员包含各学科专家，学科覆盖了脊椎动物学、寄生虫学、气象学、地质学甚至艺术。全体船员从英国本土起航后，都在配合科学家在水文、地磁、地质、动植物等方面开展样本收集、勘探调查和标本采集工作，尤其是在马德拉群岛、南非、澳大利亚和新西兰等地海岸上。在到达南极洲后，以科研为目的的考察活动全面开展，他们在大本营中专门开辟了科学实验室，各种现代化的自动记录仪器均被安装调试得当。在这期间，动物学家威尔逊、地质学家普利斯特雷以及"新地号"船员还分头前往罗斯岛东部边缘、罗斯海西岸以及沿罗斯冰架北界作支线探索。这些庞杂、繁重的科研工作都是阿蒙森探险队所无法企及的。在时间配比上，为前往南极点，阿蒙森团队自本土出发至成功归来，直来直去，心无旁骛，不耽误一分一秒。而斯科特在来南极的路上和到达南极的每一天，几乎都在收集、整理科学数据和采集生物、地质标本与作样品分析研究，即使是向南极点冲刺和返回的途中，地质与气象资料的收集、博物画的绘制也从没有落下过，这当然要耗费相当多的时间、精力、体能，甚至牺牲更加宝贵的生命，但斯科特认为，这些工作与登临极点同样重要。直至生命的最后一刻，15 千克重的岩石标本、古生物化石仍被完好保存在靠人力拖曳的雪橇上。

其实，无所谓竞赛，作为人类第一次深入探索以获取南极洲海洋与内陆科学信息的领导者，斯科特和他的探险队员成功、出色地完成了任务，并彰显出人类不屈不挠、无畏牺牲的探索精神，他们不辱使命，是当之无愧的英雄。

风信山

4

第四章

干谷谜情

泰勒干谷

2017年2月26日是我进入南极圈后的第7天，午夜过后，我躺在床上，闭着双眼，在半梦半醒间感知到船体发出的一小阵震颤，这是船头破开大面积浮冰时的动静。对于这艘抗冰船的"脾气"，我自认为摸得比较熟悉，因为我的第一次南极和北极的考察，都是靠它来完成的，直到3个多月前，我还乘坐它在南极半岛为上海广电部门主持了一场科学探险节目。这样的震颤，要是放在北冰洋，或者南极半岛，我理也不理，翻个身便扭头睡去，但今晚发出的这小阵震颤，意义却不一样，我一骨碌坐了起来。

手机扫码
欣赏精彩视频

罗斯海是一片深入到南极洲内部的大海，可贵的是，这里在暖季 ❶即将结束的时候，通航水域将达到全南极洲最南通航纬度的极限，也就是说，在每年2月底，抗冰船舶可以最大限度地接近全球最南方的海岸。因为这时候，罗斯海一大半的水域都是开放的，只有在接近罗斯冰架的地方，才会出现大面积的海冰，找到海冰的北部边缘，就可以了解当年海冰的融化情况，通过对比每年海冰边界的变化，经过长期数据的积累，就可以为了解南极洲气候变化乃至全球气候变化提供参考。尽管在今天，我们可以利用遥感卫星来完成这项工作，但能够在实地亲眼看一看暖季浮冰边缘的结冰情况，并记录一些相关生物的活动状态，

---

❶ 南极洲每年只分两季：寒季和暖季。寒季从4月到10月，也被称作南极的冬季；暖季从11月到次年3月，暖季的前段、中段和后段在本书中有时表述成南极的"春季""夏季"和"秋季"。

左 午夜的浮冰
航道

右 午夜的冰上
小伙伴

这些都是有意义的，并且也是卫星做不到的。我生怕惊醒身边的同伴，摸着黑，蹑手蹑脚地穿好我的全套极地衣物，抓起桌上的相机、记录本和 GPS 定位仪，轻轻关上房门，临出外舱门的时候，还没忘把羽绒服的电热内胆调到最高挡。

迈出门槛，还是被凛冽的寒风撞了一个趔趄，舱门重重拍回门框。环顾四周，果然大部分海面已成固体，大海里塞满了四角分明、直边见方、巨大平坦的厚冰块，在这些巨大的厚冰之间，被刚刚结成的、荷叶状的初冰所填充。抗冰船犹如芭蕾舞演员，竖着脚尖寻找那些覆盖着半透明的薄冰水域前行，实在躲不开了，便一头撞上去，发出"嘭——"的一声响，船身随即颤抖上一小会儿。高大的平顶冰山在我的四周陡然升起。

在浮冰中行进
的夜行船

左　被船头撞碎的隔年海冰

右　冰块间隙充满着刚刚凝结的荷叶状初冰

环绕在我头顶上的，是更加灰暗深沉的夜，大船仿佛是在地狱里默默航行。耳畔伴随的，是"风女郎"那尖利的歌声，与脚下不时传来的低沉隆隆声。

极寒刺骨的午夜浮冰上，也并不是死寂一片。远处，三只乳臭未干的锯齿海豹不知为着什么大不了的事情互相撕咬着对方，谁也不肯示弱；一只帝企鹅摇摇晃晃地走到船前，当感觉到脚下的浮冰忽地裂成了几块，吓得立刻趴到冰面上，手脚并用地向斜前方逃去。

天快蒙蒙亮的时候，我回到温暖的舱房，钻到被窝里补了一小觉，醒来时，午夜的经历仿佛成了一场颠三倒四的梦境。

早饭过后，来到船头，凭栏望去，方方正正的浮冰犹如泡在清水池子里的豆腐块般规整、洁白。海面上的风虽然很大，但由于有了冰块的覆盖，波澜不兴，卷起冰面上的积雪，犹如烟尘一般。远处，五六只帝企鹅站在冰面上慢慢踱步。又确定了下位置，南纬 77°，东经 164° 附近的麦克默多湾新港锚地。今天的任务很特别，以拍摄自然纪录片的方式考察地球上一个环境极其特殊的地方——干谷，据说那里虽然地处冰雪世界的中心，却是

Odyssey on Ice　冰洲上的游戏

段煦南极博物笔记

上　　我们在浮冰中的船

下　　麦克默多湾新港

我们这个星球上最为干旱的地方之一，西方人形容它"就像火星的表面一般"。而对于它成因的研究，由于这里常人难以到达，一直被声称是该区域的管理者——某些西方国家说得扑朔迷离。这么多年来，外界能够看到的，只是来自出版物上的那几张静态图片、一些没有明确结果的专业论文和一大堆众说纷纭的故事。1982年的时候，中国科学家位梦华教授曾受美国科学家邀请，在位于罗斯海的麦克默多站做地质方面的研究工作，他有机会随美国同行麦金尼斯在干谷待了将近一天的时间，第一次以东方人的视角描述了这个神秘的世界。而后的几十年里，鲜有中国人再次访问那里，因为在位教授离开南极的第三年，我们国家就有了自己的南极科考活动，在其后的很长时间里，我们在南极洲的考察也就多以长城站所处的南设得兰群岛、南极半岛和中山站所处的普里兹湾周围及内陆冰盖地区展开了。目前，我国即将在干谷附近的罗斯海西岸建立新的科考站，这对未来我们了解这一地区的气候、环境、地质等方面的科学问题提供了条件，我们也期待干谷的成因之谜能够早日揭开。

南极大陆罕有的少雪山谷

南极干谷，其实并不是指一条山谷，它是指位于罗斯海西岸南纬76°—78°，东经159°—163°范围内的一片干旱、少雪的区域，这些区域集中在几条山谷之中，这些山谷呈西北—东南走向，大致可以分为三条：最北边的一条山谷最为宽阔，其实更像一个盆地，称维多利亚谷（Victoria Valley）；最南边的一条比较直，一端通向大海，为泰勒谷（Taylor Valley）；夹在中间的比较封闭，称莱特谷（Wright Valley）。这些干旱的峡谷，最初是由英国的斯科特探险队于1903年发现的，他们最先进入的是最南边的泰勒谷，因为在山谷中没有发现任何动植物，斯科特把这个地方称为"死谷"。此后，人们陆续又在这条山谷的北侧发现了更多地貌特征相似的少雪峡谷。位梦华教授考察的地区得益于领他前来的麦金尼斯是美国的权威专家，因此可以直接降落在干谷的最核心区域，且可以用炸药对干谷地壳进行地震勘探，其中一炮是在冰湖上放的（我对美国科学家的这种做法持保留意见，因为这样有可能导致冰湖底部的生物群落受到污染，从而使其内部环境发生不可逆转的改变）。前往干谷地区活动，需要严格的审核与申请才能得到"有限的许可"，而本次我们获得的"许可"，是开放最南面的泰勒谷。这是意料之内的事，泰勒谷虽然也是干谷的一部分，但并不属于核心区，开放给我们，并且仅给予有限的活动时间，当然就比较"方便"喽。对于研究具体的科学问题，这样的限制当然等同于拒绝，但对于我们的目的——利用空中巡航与地面的徒步踏勘，拍摄一部描述干谷宏观环境的纪录影片，是再好不过了。因为干谷真正迷人的地方，就是有关它成因问题的探索，开放给我们的泰勒谷恰好跨越了外部冰雪世界与干谷内部独特的无雪区域这两个截然不同的环境，其中的过渡地带是对其成因调查非常重要的一环。更为可贵的是，泰勒谷在三条干谷中虽然最直、最短，但这里发育冰川的密度最大，特色环境最为齐全，而我们直升机的巡航距离和适航飞行的天气环境又十分有限，选择在泰勒谷，我们的工作就可以从容布置、有序开展，心无旁骛地以"渐入佳境"的方式进入干谷，这可比一下子飞到核心区去，然后再"不识庐山真面目"地乱转一番的感觉要好多啦。

直升机上的观察

時间接近中午的时候，太阳从云层里露出头来，风也小了，这真是难得的飞行条件，在甲板上，我听到了盼望已久的隆隆声。这声音来自船尾。这艘船由苏联时代设计、制造的一艘极地专用船加固、改造而来，它曾长期为俄罗斯科学院在北极冰区服务，因其应用性质的需要，在其尾部设计了一个宽敞的飞机库和一个比标准篮球场还大的停机坪，本次出行共带去了四架直升机，可满足这条船上各方用户的飞行需求。我们的直升机在螺旋桨的轰鸣声中腾空而起，越过布满浮冰的海面，向着麦克默多湾西侧的维多利亚地海岸飞去，为了让摄像机能够全面拍摄到那一带的地形，直升机并没有直奔谷口而去，驾驶员很配合地循着海岸线做低空飞行，使我们得以观察到这一带海岸的整体情况。与总是冰墙林立、陡崖高耸的众多南极海岸相比，这里，竟然发育出一条十分平缓的海滩。

低空飞行的好处很快得以体现，浮冰的纹理、滩涂上的堆积物乃至浪痕，都看得十分真切。还能观察动物呢！当直升机沿海滨慢速巡航时，我看到，在靠近海岸的一侧浮冰上，聚集了大量海豹，远远望去，冰面就像撒了黑芝麻的白年糕，每一粒"芝麻"都是一头海豹。

前方就是泰勒谷的谷口，这里没有峭立的峰峦，只是在相隔很远的两座圆乎乎的山包间闪现出一片宽阔的"平地"，直升机不再沿海滩前进，转身拉了一个美丽的圆弧，向着内陆，头也不回地飞了进去。谷里一如既往的开阔、平坦，两侧的峰峦依然相隔很远。颗粒度很粗的岩石碎屑覆盖住整条谷底，满眼都是不同色阶的灰色、褐色，看起来的确很干燥。

左 准备出发

右 我们的直升机

随着不断深入，我看到：在谷底干旱的表面，竟然有无数条长长的、蜿蜒蛇行的痕迹，就如同南美洲干旱大地上刻画的纳斯卡线条。这些痕迹有的深，有的浅，有的粗如干涸的河床，有的细如枯竭的小溪。在一些线条的某些段落中，还凝结着硬质的白色积冰。追溯这些痕迹的源头，它们都来自山谷两侧谷壁上发育着的冰川。这很像液态水在地面上流过的痕迹呀，可这里不是叫干谷么？我越发期待能尽快下去看一看了。

沿海岸飞往干谷

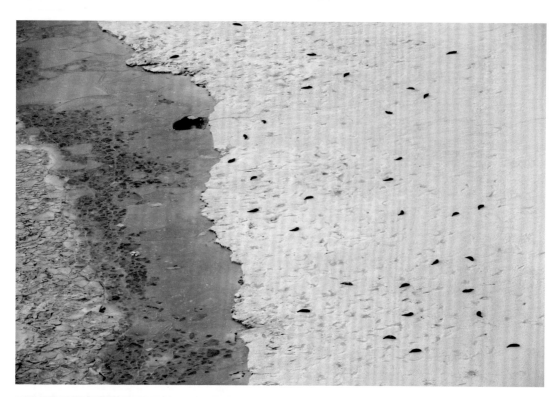

上　聚集在谷口的海豹群

下　从直升机上观察到的水痕

Odyssey
on
Ice　冰洲上的游戏

段煦南极博物笔记

走在干谷的尽头

进入谷口 30 多千米后，山谷被一道陡崖般的白色冰舌挡住去路，原来已经飞到了泰勒谷的尽头，一条与山谷同名的冰川——泰勒冰川的前缘。

泰勒冰川

　　地面上，穿着橙色救生服的指挥员双臂水平外展，掌心朝下，示意直升机在一处相对平整的乱石滩上降落。走出机舱时，螺旋桨还在头顶上转动，尚未落定的尘埃迷得人睁不开眼，脚踩的大地松软不堪，低头一看，原来是碎石块和砂的混合物，一点儿也不坚实，走在上面，费力且硌脚。构成这些混合物的颗粒大小不一，形态各异，色彩斑斓。别瞧不起这些遍地皆是、毫不起眼的碎石头，它们对研究干谷的成因、变迁很有用处，曾吸引了不少地质学家来这里做地质考察。翻开那些尘封的故纸堆，我发现，第一个对这些石头感兴趣的人叫托马斯·格里菲思·泰勒（Thomas Griffith Taylor），他是斯科特1910—1913年南极探险队中的一员，对，就是斯科特没有回来的那次探极之旅。当然，作为随队地质学家的泰勒并没有参加极点的冲刺，他活着回来了，并且写了一本书——《与斯科特同行，乌云背后的亮光》，他在极地的任务就是为他所服务的英国调查一下这里有没有值得开采的矿物，因此这位老兄在这条以自己名字命名的山谷里走了许久，并捡了好多的石头（标本）背了回去。至于背回去后做了些什么，便罕有下文了，因为人们发现，在泰勒背回去的石头里，既没有能提炼出黄金、白银或者其他贵金属的矿石，也没有可以镶嵌在王冠、权杖上的宝石，不过是些看似普通的岩石而已，而当时对于干谷的调查，也似乎止步于此。真正对干谷进行全面的科学调查，已经是距此半个多世纪后的事了，主要由新西兰、美国和日本等国

家的科学家参与。人们发现，这条山谷的"地基"，主要以岩浆岩为主，杂以沉积岩以及由这两种岩石形成的变质岩，这些石头的年龄，从谷壁各段岩层"露头"上采集的标本看，在早古生代的寒武纪（距今约5.45亿—4.95亿年前）至中生代的侏罗纪（距今约2.05亿—1.42亿年前）之间，其年龄跨度十分宽泛。通过钻探岩心，人们发现，自进入新生代（6550万年前至今）以后，干谷里曾数度被巨大的冰川所侵占。冰川又厚又硬，还永不停歇地流动，毫不客气地侵蚀谷底的岩层，就像一把硕大的雕刻刀，雕凿改变着山谷表面的形态，并留下一层20—30米厚的冰川堆积物，就是我现在脚下这些杂乱无章的砂石混合物。人们还推测，在距今100万—150万年间，来自罗斯海南部及其海岸的冰盖曾至少两次延伸到泰勒谷的下段。而在每次冰川入侵的间隙，泰勒谷里还曾暴发过周期性的洪水，人们猜想这些洪水的来源极有可能是海侵，即海平面上升或陆地沉降造成的海水侵进。值得一提的是，谷底表面还经常能捡到一些从火山口喷出来的火山渣，人们顺藤摸瓜下去，又在谷里找到了它的来源——一些小的、圆锥形的火山口。自1991年以来，人们已经在这条山谷里找到了将近20个圆锥形火山口。当然，火山口的存在并不难解释，在麦克默多湾两岸，即罗斯岛和包括干谷在内的维多利亚地西海岸，是一条至今仍十分活跃的火山带，在附近最大的火山——罗斯岛上的埃里伯斯山的火山口与山上的裂隙间，至今还在冒着白色的蒸汽和烟尘，并且山顶还保

留着一个翻滚着彤红岩浆的熔岩池。以上，就是人们目前对干谷地质情况的一些认识，但对于这里为何会干燥少雪，依旧众说纷纭，莫衷一是。

尘埃散尽，趁摄像师到处去找拍摄"大景"机位的工夫，我趁机蹲在地上，好好看看这些色彩斑斓的石头。我找到了好多的花岗岩石块，有的呈现出斑驳的灰色，那是由石英、正长石、更长石和黑云母组成的，由于形成年代早，被地质学家们称作"老花岗岩"；最好看的是那种橙红色带黑色斑点的，由石英、正长石、更长石、黑云母和角闪石所组成，形成的年代较晚，被称作"新花岗岩"。地上散落着好多玄武岩质的火山渣，黑色的质密一些，很重；紫色的则很粗松，表面布满气孔。我还找到一些片麻状的变质岩……它们几乎都和岩浆物质有关，有的是岩浆冷却的产物，有的是岩浆通过火山口的喷发带到地面上来的，还有的则是这些岩浆岩经过复杂地质作用变质而来的。从这么多的岩浆物质看，这里的地壳活动确如学者们所说——非常活跃！原本以为这些石块既然是冰川从地表剥蚀下来的，待在如此干燥的地方又没有海浪的冲刷，其表面一定十分粗糙，可令我没有想到的是，很多石块的表面，居然十分的光滑。

光滑的黑色玄武岩

就如同眼前的这块黑色玄武岩，光滑油亮得如油漆刷过的一般。这样的岩石表面我似曾相识，那是在戈壁滩上，狂风裹挟着坚硬的小砂粒，经过长年累月的吹凌，把所到之处的岩石表面都打磨得油光锃亮，观赏石爱好者将其称为"沙漠漆"。这其实都是风化作用的结果，与水流长期搬运所形成的卵石不同，尽管表面十分光滑，圆度却不如卵石。为了进一步确定是否真是风化的结果，我继续在四周寻找，风的痕迹居然越找越多，躺在开阔地上的不少大石头，表面形成了许多碗状的凹坑，坑里还"盛放"着许多小块的石子和砂粒，这是风蚀窝，是风沙流紧贴地面迁移时，砂砾对地面物质的冲击、研磨而形成的石窝，大的如同开凿出来的佛龛，被称作"风蚀壁龛"。看来，这里的风可真不小呢，若真

左 岩石的风蚀面

右 风蚀窝

刮起来，那一定是天昏地暗，飞沙走石。

看到远处摄像大哥拍得正欢，估计一时半会儿不会想起来拍我，我便快步迈过几道坎，消失在他的视野里，但又怕他想起我的时候找不到，便把对讲机的音量调到最大。我必须要获得短暂的"自由"，因为在这有限的时间内，我给自己规定了"更为重要的任务"——去找空中看到的那些貌似"水痕"的线条。满眼都是干燥的砂石啊，没有一滴水，哪里来的"水痕"呢？确实犹如西方人所描述的样子——犹如火星的表面一般。忽然，我看见左前方有座高一点的冰碛堆（由冰川剥蚀下来的砂石堆积出来的岩屑堆），登上去朝四周观望，果然找到一条浅色的痕迹从乱石滩上"流过"，我快步走了过去。这条痕迹把石块、砂粒（表面粗糙）和沙子（细小光滑）分选得十分清楚，而四周的岩石和砂是混在一起的。在痕迹的最中央，是细而沉积得比较坚实的沙子；沙子两侧是颗粒度较粗的砂粒，外面则是小石块。我看到，痕迹两侧的大块岩石表面，凝结着一些白色颗粒，用手指捻下一些放在舌头上舔一口，有点咸，有点苦，还有点涩。现在清楚了，大自然能够把石块、砂粒和沙子分选得如此清楚的力量只有一种，那就是水，这些痕迹果然是液态水在地面上浮流成河经过后的样子，那些凝结在石壁上的白色颗粒则证明，这里经常会有水流经过，那是液态水从岩石中溶解出的无机盐，干燥后凝结在石壁上的样子。由此可见，干谷虽然干，但也不是一点液态水也没有，在冰川融化的季节里，也会有水流经过，只是谷底的物质过于疏松，周围的气候过于寒冷、干燥，液态水不能长期在地面上保存罢了。但如果是长期浸润或者水流较大，就会形成冰湖，比如在泰勒冰川的前缘就有一个面积很大的冰湖，在更核心的干谷地区也发现了类似的冰湖，这些冰湖表面封冻，而冰层下面，却长年保有大量的液态水，这的确令人难以理解。

"线条"找到了，我轻松了一些，看到远处同伴们正围拢着看地面上的一堆什么东西，我也走了过去。原来，是干谷中的明星——一具距大海 30 千米远的海豹"木乃伊"。这具干尸的体形不大，残长大

上 地面上的水痕

中 谷底液态水流过的痕迹

下 无机盐颗粒凝结在岩石表面，这也是液态水流过的痕迹

约 1.6 米，皮毛呈棕褐色，面部的皮肤不见了，露出白花花的颅骨和两只大而深邃的眼眶。从突出的颌骨看，这是一只年岁不大但已成年的锯齿海豹。关于在干谷深处发现海豹干尸的消息，几乎是外界有关干谷诸多神秘事件中最令人津津乐道的。这些干尸往往位于内陆，距离海岸很远，有人在这些干尸身上采集了皮肉组织去做碳–14 年代测定，结论是 2600 年前。

无论在开罗国家博物馆、大英博物馆还是某些著名展览机构，干尸，是很多人愿意看的东西，因为我们对于死亡的了解远没有对月球或者火星了解得那么多，死亡是我们所畏惧和好奇的。于是许多年来，干谷里的干尸也成为各大媒体争相报道的对象，诸如"南极干谷至今无法解释的尸骨之谜""海豹为什么要远离海岸爬到'无雪干谷'里呢"等等此类的文章。一些科学家也试图对此进行解释，有人说，既然干谷在有些年代出现了海侵，那么谷里当然就是一片汪洋喽，随着后来海平面降低，海水退回到山谷以外的地区，而有些海豹没能跟上海水退走，就死在了这里，变成了如今的干尸。这样的说法的确有问题，我们暂且不论碳定

左 干谷中的海豹干尸

中 通过体形、头骨等可知是一只锯齿海豹

右 风化严重的海豹头部

年法的结果靠不靠谱，单就在露天环境的保存状况看，这些干尸在这里的时间不会超过 1 万年，而近 1 万年来，这里并没有发生过海侵的迹象，而年代如此近的海侵事件一定还会留下别的什么痕迹，这里除了海豹干尸，并没有别的什么证据。又有人说，在几百或者几千年前，麦克默多湾曾经发生过巨大的海啸，海豹是被海浪抛进深谷中的。同样的理由，年代近且规模巨大的海啸，肯定还会带进来各种海洋产物，而这里除了海豹，依然什么也见不到。还有人说，海豹喜欢待在海岸上晒太阳，那些海豹一定是晒太阳的时候走反了方向，死在这里的。这个理由，更加令人匪夷所思，且不说海洋动物对大海有着天生特殊的敏感，它们可以依靠气味、光线、声音、太阳位置、地理差异甚至各种细微差别来辨别大海的方向，单就海豹的身体结构来说，它们是所有鳍脚类动物中最不擅长行走的动物，比起在陆地上还能勉强算是走路的同族兄弟——海狮、海象来说，海豹在地面上的运动充其量只能叫作蠕动，它们肥胖的身躯和短小的前肢、愈合的后肢根本不适合在地面上长距离跋涉，30 千米的距离，干旱且崎岖不平的山路，两条大长腿走路的人走几步尚嫌乏累，

让海豹一路"跋山涉沙"蠕动至此，恐怕把它前足和肚子上面的皮毛血肉通通磨光，也难以做到吧？况且，至今其他地方从未有过在内陆很远的地方发现赶路的海豹或是海豹尸体的报道。

眼前的这具干尸体形不大，虽然面部皮肤有的地方缺失了，其他地方居然完好无损，不仅四肢俱在，并且连躯干上的皮毛也并无破损。面部皮肤的缺失应该很好解释，它面部的朝向与地面岩石风蚀面的方向一致，眼眶中灌满了大量的沙，残存的皮肤边缘薄而略略卷曲，明显是风蚀的结果。至于它为何会来到这里，在此我也把自己的看法留在这里，供亲爱的读者参考。20世纪80年代，我曾听到过在中国南极长城站工作的气象专家说，在长城站附近的海滩上，每逢风暴过后，经常能找到被大风卷起，摔死在石头上的小海豹尸体。我们试想一下，长城站地处南极圈外的南设得兰群岛，那里的风暴远没有地处南极洲内部的罗斯海沿岸来得猛烈，而我们的直升机在干谷入口处的冰面上，的确看到了很多趴在冰面上的海豹。当极端天气来袭，剧烈的风暴把一些体形不大、瘦弱的海豹轻松卷起，摔死在冰面或者大石头上的概率是否会更大一些呢？继而再发挥想象，南极缺少兀鹫那种处理巨大尸体的食腐动物，并且气候干冷，那些死在岸上的海豹长期得不到分解，形成质轻的干尸，再继续被强风或气旋卷到天空、抛入深谷的概率是不是又大了一些呢？因此我倒觉得，比起"海侵说""海啸说"和"迷路说"来，风的威力似乎也不容小觑。

由这个问题说开去，我想到了干谷为何会成为南极圈内最大的一片"少雪区域"的问题。此前曾有人认为，干谷地处火山带，地热使冰雪在地面上难以存在。诚然，干谷附近的确存在多座火山，单就泰勒谷内的火山口，就发现了将近20个，

这样的无积雪或少雪的山坡，在阿代尔角的迎风面也可以看到

但这些几乎都是死火山，目前并没有发现能够"烘干"地表的浅层地热资源，而即使是附近最大的活火山，那座拥有露天熔岩池的埃里伯斯山，也是终年被冰川、积雪所覆盖，因此说火山与地热并不一定造成干谷冰雪的减少。也有人认为，干谷谷底裸露的岩石使地表吸收了充足的热量，是这些热量把冰雪"烤"干了。这种说法有一定道理，但还是不够全面，

南极大陆多山地、高原，不乏广阔的岩石地表，为何单就干谷这里没有被积雪覆盖呢？还有人认为，是这里多风的原因，风把落下的积雪吹走了的缘故。

其实，要解决干谷为何"少雪"的疑问，我觉得应该站"远一点"，综合地看待这个问题。首先，南极大陆终年严寒，冷空气下沉聚集，常年受高气压控制，缺乏水汽交换，天气单一，导致成为世界上最大的干旱大陆，本身降雪就少。其次，本区域所属的维多利亚地是世界上风刮得最大的地方，年平均风速可达到 19.4 米 / 秒（相当于 8 级风），最大风速大于 90 米 / 秒，即 324 千米 / 小时，而 12 级风每小时也只有 118 千米而已。南纬 77° 附近的干谷地区正好又处在极地东风带（南纬 65°—85°）的中心区，这里长年受极地东风控制，且这里的风更稳定、更强盛，源源不断地输送干冷空气，地面上大量存在风蚀迹象充分说明了这一点。长期、持续的刮风，令积雪难以在地表存在。再次，干谷地区的地势西高东低，东面是海拔较低的罗斯海沿岸，西面是内陆高原冰盖，三条主要干谷几乎都呈西北—东南走向，谷壁本身是高高竦峙的横贯南极山脉，峻峭陡立，使得长驱直入的东风更加容易地吹走了本就不多的积雪。最后，干谷地表的冰川堆积物与他处不同，以花岗岩为主的岩石碎屑、颗粒度粗糙的变质岩、富含气孔且质地粗松的火山渣为主，这些都是极容易风化的东西，受长期、持续、"得天独厚"的风化条件影响，这些石块迅速崩解成具有一定颗粒度的砂粒，在谷底厚厚地堆积起来，形成排水性能良好的表面，令留在地表的积雪融水难以浸润，使那些黏性大、结构稳定的粒状雪无以附着，这就加大了雪层积累的难度，且这些碎石块和砂粒的物理特性使其特别容易吸收阳光的辐射，加快了蒸发的速度。更为严重的是，周围的冰川流淌到此，也受到了这一大片吸收性能超级好的"流沙海绵"影响，使得每年夏季在冰川前缘好不容易融出的冰水源源不断地漏到了地面以下，形成了谷壁两侧一个个"断头"的冰川和无数条干涸的溪流河床。

因此，干旱、多风、地形、地表结构、太阳辐照等因素都参与这一地区"少雪峡谷"的形成过程，其中，长年峻烈的东风贡献份额最大，有的助长了风的威力，有的其实就是风的杰作！

当然，我以上所列的这些解释还有欠缺，例如，对于干谷深处那些表层凝固冻结而下层确保有大量液态水的冰湖是如何形成的——这样的问题仍没有回答。但是，我可以"毫不负责"地说一句话："那也不能怪我呀！除非下次让我再往里走一走，到那些被某些人当成宝贝似的地方去看一看，时间上也别那么抠门，最好能多待上几天，没准儿会得出一个好玩的答案来呢。"

5

第五章

企鹅传

企鹅前传

　　企鹅，也许是你最早认识的一种鸟，在动画片里、在画册上、在故事中。还记得图画老师第一次教你画它时的情景吗？先画一个竖起来的蛋，在蛋的上半截画上两只眼睛和一个嘴，下半截画上两只鸭子脚，两边画上月牙形的翅膀，留出下巴和肚皮，把剩余的部分全部涂黑，完成！对，这就是企鹅。几乎所有的企鹅都是在你画的这只"基础鹅"身上加点什么装扮出来的。比如，有的要在眉毛上画块白斑；有的要在下颌画根帽带；有的要在头上插几根纸条；有的要在肚子上面画半个圆圈，等等。一看见企鹅就想起南极洲的人，我想也不在少数。尽管现在已经有越来越多的人都知道了，企鹅并不只是南极洲独有的动物。但如果我是那种比较懒的画家，随手画了片覆满冰雪的山和漂满浮冰的海，就随便拉住

在"偷"邻居家石头的白眉企鹅

个路人问他：这是哪儿？他可能会茫然一阵……可我只要在画的一角添上一只黑身白肚皮的胖鸟，他就一定会说：哦！南极！

我们知道，地球上那些为数众多、大块的陆地几乎都挤在了北半球，南半球几乎就是个水世界，企鹅，就在这样辽阔的水世界中往来游弋，繁衍生息。企鹅也许是这个世界上最特殊的鸟，说它是鸟，却不屑于翱翔天空，它们的体形和生活习惯却更像鱼：它们有如鱼类一样流线形的身体；有如鱼类一样的鳍状翅膀；有如鱼类一样的配色方案——当它们在水里游泳的时候，从空中看下去，是深水般黑色的脊背，而从水下看上去，是天空般白色的肚皮；它们还犹如鱼类一样追逐各种浮游生物捕食；犹如鱼类一样随着海流，在广阔的大洋中远距离游泳……这种"一切向鱼类看齐"的进化思路，在鸟类世界中，绝无仅有。

企鹅是企鹅目、企鹅科所有鸟类的统称，这个王国拥有6个属、17—19个物种。体形最大的成员都是王企鹅属的，有2种——帝企鹅与王企鹅，"皇帝"的体形最大，而"王"次之。个体数量最多的种类全都隶属于阿德利企鹅属，有3种——阿德利企鹅、白眉企鹅（又称金图企鹅或巴布亚企鹅）和帽带企鹅。这3种企鹅的主要繁殖地都在南极洲，再加上同样在南极洲繁殖的帝企鹅，因此整个企鹅目中只有这4种是真

南大洋洋流与企鹅分布

6 长眉企鹅

7 南跳岩企鹅

8 北跳岩企鹅

9 黄眉企鹅

10 竖冠企鹅

11 斯岛黄眉企鹅

12 白颊黄眉企鹅

14 加岛企鹅

15 秘鲁企鹅

大西洋

南美洲

太平洋

1,2,3,5,6,7
马尔维纳斯寒流

15

秘鲁寒流

14

17

西风漂流

西

1 白眉企鹅

2 帽带企鹅

3 阿德利企鹅

4 帝企鹅

5 王企鹅

18 小企鹅

19 白鳍企鹅

13 黄眼企鹅

17 南美企鹅

南非企鹅

非洲

洲

大洋洲

西澳大利亚寒流

1,5,6,7,8

18

飑漂流

3,18,19

18

正的南极企鹅。那些认为企鹅只能拍黑白照片的朋友此时要注意了，下面介绍的这个家族是整个企鹅世界中色彩最为丰富，且都佩戴着烦琐饰物的爱美者——冠企鹅属，它们是个大家族，本来有6种——跳岩企鹅（又称凤头黄眉企鹅）、斯岛黄眉企鹅、黄眉企鹅、白颊黄眉企鹅、翘眉企鹅和长眉企鹅（又称马可罗尼企鹅），后来人们发现，跳岩企鹅不同地域繁殖地的差异很大，似乎又能划分成两个独立的物种——北跳岩企鹅与南跳岩企鹅，因此现在有人称这个家族有7种。环企鹅属分布的位置比较靠北，最不怕热的成员都在这个家族，有4种，即加岛企鹅、秘鲁企鹅（又称洪堡企鹅）、南美企鹅（又称麦哲伦企鹅）和南非企鹅（又称斑嘴环企鹅）。体形最小的成员被划分在小企鹅属里，本来有1种，即小蓝企鹅，后来有人主张把小蓝企鹅中一个翅上带有白边的亚种提升成种——白鳍企鹅，因此现在就有了2种。新西兰岛上的黄眼企鹅长相最特殊，和任何一属的企鹅都有很大差别，独自占一属——黄眼企鹅属。整个企鹅王国瓜分了所有的南半球大陆，其势力范围的瓜分方案为：南美大陆和非洲大陆的南端及所属岛屿，主要由环企鹅属家族成员所占领；澳大利亚大陆与新西兰海岸被小企鹅属和黄眼企鹅属占领；冠企鹅属则占据着南大洋上的各个小岛；寒冷的南极大陆及其周边，则是阿德利企鹅属和王企鹅属的主要阵营所在。好了，从赤道一直到南纬78°，南半球的所有大陆、主要岛屿上，几乎都能找到这种看似笨拙的胖鸟了。

由此看来，企鹅王国的世界地图似乎以南天极为主视角，画一张圆形的地图最为合适，这张地图以南极点为圆心，赤道为周长。如果把各种企鹅的分布地点在这张地图上标出来，你会发现，南极洲海岸及周边岛屿是这个王国的中心，"皇帝""王"以及王国的大部分"臣民"都生活在这里；在这个中心的外围——南大洋、南半球各大陆的南缘和零散分布的岛屿，生活着为数众多的"部族"，虽然在数量上不如王国中心，但其"臣民"的长相和生活方式多种多样，再往外，就是零星扩散出去的某些远征家族了。到底是什么原因使它们产生这样的分布情形呢？除了"大陆漂移学说"（企鹅的祖先均产自冈瓦纳古陆海滨，后来古陆分裂开来，向不同方向漂移，物种随之扩散，今天有企鹅分布的大陆无一例外都是原冈瓦纳古陆的一部分）外，我自然而然地想到了水温。众所周知，南极洲是世界寒冷中心，在南半球最冷的 6—8 月，以南极洲为中心，约有 2000 万平方千米的海域被海冰所覆盖，几乎占南纬 40°以南海洋面积的 30%，即使是浮冰最少的 2 月末，仍会有 350 万平方千米的海冰冰场被保留下来，全年度随季节生消的海冰洋面将近 1700 万平方千米，就是这 1700 万平方千米的海洋，生活着占全球总数一半以上的企鹅。而在这个范围以外的企鹅是否也离不开冰凉的冷水呢？我把那张企鹅王国的地图与同样视角绘制的洋流地图重叠起来，居然有惊人的发现——温带企鹅所占据的地方，居然多数和南半球寒流影响的范围能够重叠起来！其具体情况为：分布在非洲大陆、澳大利亚大陆、新西兰亚南极群岛的企鹅分布区域与西风漂流影响的地区相重叠；分布于南美洲东海岸的企鹅分布区域与马尔维纳斯寒流影响的地区重叠，西海岸的企鹅分布区与秘鲁寒流相重叠；沿秘鲁寒流一路向北，最终影响到赤道附近的加拉帕戈斯群岛海域，那里正好是唯一一种热带企鹅加岛企鹅的家园。可以看出，企鹅家族的扩散，除了随大陆漂移外，始终与寒流为伴，它们以冷水中

左 在智利南部合恩角外海遇到的
跳岩企鹅

右 在新西兰所属亚南极群岛上偶
遇的翘眉企鹅

帝企鹅属

古冠企鹅属

上　古冠企鹅属与今天帝企
　　鹅属物种的体形和游泳
　　姿态对比

下　从古至今不同的几种企
　　鹅体形对比

曼纳林威马努企鹅
Waimanu mannertingi
6200 万年前，0.75 米

秘鲁大企鹅
Perudyptes deviesi
4200 万年前，0.9 米

卡氏古冠企鹅
Palaeeudyptes klekowskii
3700 万—4000 万年前，1.6 米

帝企鹅
Aptenodytes forsteri
现生，1.3 米

白眉企鹅
Pygoscelis papua
现生，0.6 米

大量繁殖的浮游生物为食，以寒流所经过的陆地、岛屿的海岸线为栖息地，由于寒流在赤道附近消失，它们向北扩散的脚步也就戛然而止——在赤道，所有的冷水团均被温暖的赤道洋流所替代，最终，企鹅王国的势力止步于加拉帕戈斯群岛，没有进入北半球各大洋。无独有偶，根据我在北极地区和北半球沿海将近10年的观察，与企鹅长相、食性都非常相似的鸟——海雀，它们也具有从极地边缘向低纬扩散，最终止步于冷水边缘的分布特征，并且这类鸟也的确曾经进化出同样黑身白肚皮、胖胖不会飞的个体（大海雀）来，这，难道也仅仅是巧合吗？

我不知道这样的推论是否合理，因为刚刚描述的这些，几乎全是在地图上完成的。直到今天，我在南半球工作过的区域，仍仅仅局限于南极洲几处分散的海岸和南美洲、非洲、大洋洲的零星岛屿，如果有时间、有条件，我倒是很愿意找一条小船，循着所有企鹅分布的海域绕地球一周，考察一下每一种企鹅所生活的水环境，看一看是不是真的如同我推理的那样，那可就太有意思了。

关于企鹅的起源，同样扑朔迷离，因为在南半球的各大洲，几乎都出土过企鹅或类似企鹅的鸟类化石。然而，如同所有鸟类化石一样，它们珍贵而稀少（鸟类遗体形成化石的条件十分苛刻），目前所掌握的化石材料虽然十分零碎——那些大的和小的、高的和矮的、胖的和比较胖的、长嘴的和短嘴的……企鹅残骸化石还很难拼凑出一棵清晰、完整的"企鹅进化树"，但根据这些遗骨所在地层的不同，根据这些地层沉积的时间先后，人们还是能够看出一点端倪：企鹅似乎经历了一个从小到大，再到小的过程。

科学界所公认的被发掘出的第一块企鹅化石是在新西兰南岛卡卡努伊附近的石灰岩层中找到的。那是在1848年底，一个叫沃尔特·曼特尔（Walter Mantell）的政府工作人员在旅行时获得的。这块化石是一块鸟类踝骨（不全，缺少一个滑车或脚趾的突出部分），后来被送到英国，到了有"达尔文斗犬"之称的英国著名博物学家托马斯·亨利·赫胥黎（Thomas Henry Huxley）教授手里，他惊喜地发现，这块踝骨化石属于一种未知

左　四种南极企鹅之一——
　　白眉企鹅

右　四种南极企鹅之一——
　　帝企鹅

的远古企鹅，生存年代距今 2300 万年，他将其命名为 *Palaeeudyptes antarcticus*，意思是南极的有翅潜水者，并于 1859 年 3 月发表在《地质学会季刊》上。发现了极不完整的化石标本，产生出的最大问题就是给了人们广阔的想象空间，根据踝骨粗壮的程度，当时的人们猜测这只企鹅活着的时候可达 8 英尺（约 2.4 米），但通过现在我们已经收集到的古企鹅骸骨来看，这个数值被大大高估了。

　　而后的 100 多年中，人们又在新西兰、澳大利亚、南美洲和南极洲相继发现了 20 余种古企鹅化石，企鹅生活的时间跨度从古新世中期至渐新世末期（距今约 6200 万—2300 万年）。到了 20 世纪 80 年代，好运

左 四种南极企鹅之一——
阿德利企鹅

右 四种南极企鹅之一——
帽带企鹅

气再一次降临到美丽而宁静的新西兰南岛，距离基督城以北约 65 千米的地方，有一条叫作怀帕拉（Wapara）的小河，新西兰地质调查局的布拉德·菲尔德（Brad Field）在被河水切断的新生代早期古新世地层中找到了一层含有黑色泥沙的海洋沉积物，这层沉积物距今已有 6000 多万年了，距离恐龙灭绝的中生代不久。他以其敏锐的专业素养在那层沉积物中又发现了珍贵的企鹅化石，随即交给了新西兰奥塔哥大学地质系教授尤安·福代斯（R. Ewan Fordyce）研究。1990 年，尤安·福代斯和克雷格·琼斯发表了有关这些化石的一些情况，但遗憾的是，这些化石材料还是不足以描述出这种神奇动物的更多细节。随后，坎特伯雷博物馆的

曼纳林威
马努企鹅复原图

古生物学家阿尔·曼纳林（Al Mannering）在这个层位中又发现了更多的古新世企鹅化石，越来越多的化石证据为福代斯教授提供了强有力的支持。很快，尤安·福代斯的研究生安藤达寿（Tatsuro Ando）博士对这些化石进行了更为深入的研究，随后师生联合发表了更为详尽的报告，确认这些化石是迄今为止人类所发现的企鹅科鸟类中最古老的一个新属，定名为威马努企鹅属（*Waimanu*），属名所用单词"wai-manu"来源于当地毛利人的语言，意为"水里的鸟"。为表彰阿尔·曼纳林所做的工作，第一个被发现的威马努企鹅属物种被称为曼纳林威马努企鹅（*Waimanu manneringi*），生存时间为古新世中期（距今约 6200 万—6000 万年）。

与现代企鹅相比，威马努企鹅具有很长的颈和喙，有更为复杂的翅膀，就像现生鸟类那样，可以折叠收在两胁。从这样的翅膀和它肥硕的身体，我们可以判定，它们已经放弃了飞翔的权利，转而向水中发展。这个样子有点像现在加拉帕戈斯群岛上的弱翅鸬鹚，由于饵料丰富、没有天敌的缘故，弱翅鸬鹚主动放弃了天空而转身投向大海的怀抱，翅膀虽然还保留着飞鸟的外形，却变得短小孱弱，不堪飞翔。以上证据，有力地说明了企鹅也是由飞鸟进化而来，彻底打破了有些人说企鹅翅膀由爬行动物的前肢直接进化而来，根本就没有过飞行经历的论调。

白眉企鹅

白眉企鹅是我在野外遇到的第一种真正称得上是极地动物的物种，时间是 2012 年 1 月到 2 月间，那也是我第一次考察南极洲的时间，考察地点是南极半岛和南设得兰群岛。那次考察，与我同船前往的有来自中国科学院植物所、动物所、地质与地球物理所、新疆生态地理所的几位研究员，这些科学家的年纪几乎都长我一辈。他们所从事的研究，无一例外都是从古老博物学分化出来的，古植物学、植物生理学、植物生态学、动物分类学和地质学……这些学科的特点，也都无一例外地需要在大自然中探索，因此他们每个人除了个性十足、基础知识牢固外，都是野外经验丰富，并且是非常丰富的那种人。因此，那次难忘的旅行中，所学、所想、所得，

手机扫码
欣赏精彩视频

南极半岛周边
的群山

对我后来的两极博物学探索的方方面面，都起到了或这样或那样的作用，直至今天，那段时光的每一点收获，还历历在目。

　　1月27日16点38分，经过几十个小时的颠簸摇荡，南极半岛那些巍峨的群山开始映入我的眼帘，离开了西风带上的狂风，大船悄无声息地在镜面般平静的水胡同中缓缓地从容行进。那一座座群山，延绵不绝，向大船两舷靠了过来，展露出动人的风姿，你看她们一个个峭立在海面之上，傲然辣峙，玉带般的层云就系在山腰，露出上半截的陡坡尖顶，也盖不住下半截黑色的山脚和脚下那些被海水侵蚀得光怪陆离的巉岩。船头一转，忽然有航标和红房闪过，是一座建在岛屿上的科考站，尽管简陋或者说略显寒酸，但仍旧肃穆庄严。一排平房，两座小屋，两三座铁质塔架，构成了全部家当，小屋面海的整面墙壁上绘制了蓝白相间的阿根廷国旗，国旗下面是字母 MELCHIOR（梅尔基奥尔站）。我重新定了位，原来这里是达尔曼湾里的梅尔基奥尔群岛，紧贴着南极大陆的一连串珍珠般的岛屿。甲板上聚满了人，大多是第一次来到极地，表现出极大的兴奋，也许是喧闹声引起了那些岸上居民的注意，小屋里跑出来四五个男人，向我们热情地招手，甲板上的人也更加热情地向他们招手。

途经梅尔基奥尔站

很快，人迹一闪而逝，迎面而来的又是冰雪覆盖的群山和海面上漂着的浮冰与冰山。吃饭时间快到了，甲板上的人收起了兴奋，渐渐恢复了宁静。最终，大船在一堵暗黑色的石崖前停了下来。轮机停了，从船舱里跑出来两名水手，在巨大的绞盘旁边忙碌了一阵，锚链就震耳欲聋地轰响起来，轰鸣过后，仿佛世界都安静下来。人们都去饭堂了，甲板上就只剩下我和另一位还意犹未尽的自然观察者，恋恋不舍地在甲板上徘徊。四下里太美了，在夕阳的余晖下，洁白的雪反射出一抹淡淡的粉红色，真是美得令人窒息！但实际上，这里还有其他更加令人窒息的地方——

"太臭了，这船就像停在一个大厕所里一样，这说明在咱们的四周全都是动物。"丁林先生是位地质学家，他对动植物也有着浓厚的兴趣。

"应该是企鹅。"我说。

"看到了吗？"

"看到了，也拍到了，是金图企鹅（白眉企鹅的异名，当时我们都这么叫）。"

······

企鹅，第一次出现在我的相机中的时间是 20 点 58 分，犹如一颗油光水滑的炮弹，从漂满碎浮冰的海水中蓦地一下跃出水面，然后就不见了。放大照片看，是一只流线形的胖鸟，黑身白肚皮，红嘴白眉暴露了它的身份。

在令人窒息的风景与味道中度过了宁静而安详的一夜后，天亮了，仔细观察眼前的风景，原来昨天看到的巨大石崖，其实是一座岛屿最高山峰的一面山体，山峰不高，浑圆得像个馒头，而朝向航道的一面，刀砍斧剁般被齐齐"砍"掉了一半，形成了一堵陡直的半圆形石壁，是黑色的，表面没有半点积雪，在四周都是白雪皑皑的山峰间，显得格外与

众不同。眼前的岛屿就是库弗维尔岛（Cuverville Island），这面黑色的石崖是这一海域最明显的地理标识物，被众多极地自然工作者所熟知，其后的几年中，我也曾多次登陆或途经这里。库弗维尔岛是比利时海军军官阿德里安·维克托·约瑟夫·德·杰拉许（Adrien Victor Joseph de Gerlache）于1897—1899年在南极半岛海域探险时发现并命名的，该岛及周边地区以其独特的地理和气候特点，成为南极半岛一个著名生物栖息地，众多科学家们曾在这里进行过深入细致的考察，并被国际鸟类联盟（BirdLife International）称为"重要的鸟类和生物多样性地区"。打开地图，你会发现，在南极洲，这里的地势，简直没有比它更适合动物们栖息的了！它位于气候相对温暖、湿润的南极半岛中段偏北一点的埃雷拉海峡（Errea Channel）之中。与众多和大洋联通的海峡不同，埃雷拉海峡是南极洲的一条"内海峡"，它紧靠南极大陆，与南极半岛格雷厄姆地（Graham Land）西海岸凸出的一个海角——阿茨库托斯基半岛（Arctowski Peninsula）相望，西侧也就是面朝大洋的方向，是海拔更高的朗格岛（Ronge Island），朗格岛的西侧，也不与大洋相接，而是又一条更为宽阔且同样风平浪静的杰拉许海峡（Gerlache Strait），海峡对岸两个面积更大、遍布崇山峻岭的岛屿——昂韦尔岛（Anverse Island）与布拉班特岛（Brabant Island），更为其遮挡了来自南太平洋的狂风与海浪。这种"怀中抱子，子抱儿孙"的地势，令埃雷拉海峡成为冰封世界中一处难得的避风港。

库弗维尔岛的标志——南侧的一堵黑色半圆形石崖

幽深静谧的埃雷拉海峡

库弗维尔岛北侧的小山

现在，在我对岸的库弗维尔岛上，至少有一万只白眉企鹅，根据以往的观测记录，每年在这个岛上繁殖的白眉企鹅为5000—6500对，在海峡中的另一个岛屿——丹科岛（Danco Island）上还有1700对，它们都会在这短短9千米的海峡里游弋。现在正处在繁殖季的中段，来这里繁殖的亲鸟都已到齐，并且小企鹅已经出壳多日了，正是海里、岸上一片忙碌的时节。

吃过早饭，那个花白头发的英国鸟类学者拉我们到岛上考察，冲锋舟把我们送到岛屿北侧一处坡度极缓的海滩上，那里到处都是石子，虽然磨圆度不十分光滑，可块头却不大，企鹅在这里筑巢，至少"建材"

左　　白眉企鹅的巢区一角

右上　泥泞的地面其实是粪
　　　便和羽毛堆积物

右下　刚刚猎食归来的白眉
　　　企鹅成鸟

左　　油光水滑地走上岸

右　　企鹅的尾羽上边有一个能分泌油脂的"尾脂腺"，企
　　　鹅用喙从这个腺体上取油涂在羽毛上，这样做可以使
　　　羽毛防水

是不缺的。水鞋很重，踩在这些坚硬的石子上哗哗作响，原本以为只有到巢区才能见到企鹅，没想到身边就有企鹅从水里冒了上来，竟然还是光滑油亮的，刚出水的企鹅羽毛上覆盖了一层"水膜"。原来它们也选择在同一处海滩上岸。这些胖鸟像刚爬上岸的落水狗那样，从头到尾，娴熟地抖落出一片虹光四射的精彩水花。眼前的企鹅，黑白分明，干净可人，红嘴白眉，鲜亮明快，迈开蹒跚的步子，对我们这些不速之客看也不看，摇摆着身体，自顾自地向岸上走去。

企鹅的巢区不用刻意去找，你只需循着最喧闹的声音和最恶臭的气味扭头望去便可，粉红色的一片海岸上，密密麻麻的，全是站立的"黑点"。来到"黑点"最为密集的台地前，我停下脚，想找一块干净且大一点的石头坐下来观察它们一会儿，谁知，周边的大小石块不是裹满了粉红色的粪便，就是已经有了主人——趴满了晒太阳的企鹅。我只得蹲在地上，尽力以与它们同样的高度平视这些胖鸟的众生相。

白眉企鹅是企鹅世界除去帝企鹅、王企鹅这两个"巨人族"外体形最大的成员。白眉企鹅的体长在 60 厘米以上，有记录说见到过 90 厘米的大个子，但那是极少见的，大多数不超过 80 厘米。它们的体形胖而且

左　干净的石头被占了，企鹅趴在石头上取暖

右　在沙滩上晒太阳的白眉企鹅

重，请这么大的鸟站在秤上，居然能称出5—6千克的分量，是同个头树栖鸟类的2倍以上。它们头、尾的羽毛是黑色的，躯干和翅膀的背侧面也是黑色的，腹侧面虽然为白色，但翅的腹侧面羽毛最薄，因此这个地方常常会呈现出鲜嫩的肉粉色来。它们有张漂亮的嘴，喙端为黑色，上嘴的下缘和下嘴的上缘至嘴角，皆为鲜艳的橙红色。它们的脚及腿骨下段裸露无毛，呈现出鲜艳的橙黄色，因此它们也是可以拍出"彩色照片"的企鹅。白眉企鹅名字的由来是其眼睛上方有一条下宽上窄的白色眉纹，眉纹包围且勾画出上下眼睑，被深褐色的虹膜衬托得眉目分明。两侧的眉纹延伸至头顶汇合起来，从正面看，像戴了顶小号的护士帽，眉纹的眼后部分破碎成星状，在暗如黑夜的头羽中犹如夜空中的银河，这样的装扮使我想到时尚杂志上那些画着夸张眼妆的模特。

　　王企鹅属以外的企鹅都筑巢，有的搭在地面，有的在地上挖洞，总之，因地制宜，充分利用栖息地的各种资源建造自己的孵育空间。南极洲的大部分地区都被积雪所覆盖，南极半岛的情况相对好些，它的北端位于南极圈外，气候相对温暖，暖季到来的时候，沿海的一些海滩、坡地没有积雪覆盖，企鹅就选择那些不受海浪侵袭、避风、向阳、干燥的

左　企鹅世代代传承的"卧榻"
　　被皮毛蹭得锃光瓦亮

右　白眉企鹅以吃雪的方式获取
　　一部分淡水

地方辟为巢区。这样的地方太少了，是珍稀资源，要格外珍惜，于是乎这些巢区里就有了密密麻麻、挨挨挤挤的"火山群"。白眉企鹅的巢像一座敞口的圆锥形火山，这些"火山"的顶部向内凹陷，底部平坦，整个巢占地面积约 0.6 平方米，占地大小和隆起的高度很大程度取决于筑巢的地势。圆锥形的巢台可以弥补巢区地面凹凸不平的弊病，尤其是有些企鹅所在的筑巢位置地势低洼，把巢台垒筑得高一点，可以有效防止从高处下来的泥水和粪汤流到自己家里来。那些在巢区中占据高地势的巢，地面平坦、排水良好，属于"风水宝地"级别，它们的巢台修筑得最低。在南极半岛沿岸，企鹅能找到的最为平坦的筑巢地，就是那些被人类废弃了的水泥浇筑地面，人是最聪明的，他们往往会在整个海岸上视野最好、避风、向阳且干燥的地方修造建筑物。当企鹅占据那些地方时，仿佛可以不用筑巢也能在上面孵化雏鸟似的。尽管如此，企鹅还是会在地面上铺设一层石子，并且像烙煎饼那样，把石子堆摊得圆圆的、平平的。这样的设计主要是为了保温和排水。毕竟是在南极，即使是暖季，最热的时候，气温也只能徘徊在 0℃往上一点的温度，其实还是挺冷的，一动不动地趴在地面上孵化，自己或雏鸟与地面的接触面积越大，热量散失量越大，小石子与身体的接触面积有限，减少了热量的散失；即使是暖季，

左　　盛夏季节的繁殖地

右　　天堂湾海岸借助人类建筑基
　　　筑巢的白眉企鹅

左 尽量把粪便排
在巢外

右 这个位置不错，
还能挡风

纷纷扬扬的小雪花或倾盆大雨也有可能时刻降临，铺上一层小石子，
积水会从石子下面的空隙间排走，谁不愿意自己的家里总能保持干燥
舒爽的环境呢？此外，巢台的修建还能清楚地标定出一个个家庭的区
域与边界，这可以提醒所有"业主"，哪里是别人的家，哪里才是马
路与过道。

企鹅"高速
公路"

　　在企鹅世界里，白眉企鹅的婚配关系算是比较忠贞的，旧巢的业主，往往还是去年的那对夫妻，最先回来的主人会非常勤勉地从各处叼来小石子以修补被风雪侵蚀了一个冬天的旧巢，等待配偶回来，在一番缠绵悱恻的互叙衷肠后，它们会一同修补这个小家。白眉企鹅对巢材的选择十分挑剔，石子既不能大，也不能小，块头大了搬运起来费力，太小又影响施工效率，直径2—4厘米的石子最符合它们那张细嘴张开的幅度和运输重量的耐受，更重要的是，这种大小的石子与它们房型所需最为匹配，建筑起的家结实且舒适，这都是精打细算后的最佳设计方案。当然，这个设计方案，只适用于在南极洲繁殖的种群，在亚南极地区，它们的同类则选择更为保暖、柔软、轻便、舒适的软性材料——软草、干燥的草泥或苔藓泥颗粒。

左 "高速公路"连接巢区
与海滩

右上 几只"上行"的企鹅在
奋力向山顶的巢区攀登

右中 一只"下行"的企鹅在
途中犹豫不决

右下 正修整巢台的白眉企鹅

　　非繁殖季的时候，它们并不在陆地上聚群，夫妇也不共同生活，而是结成不固定的小群，在南极洲周边海域游弋。根据我在两半球南大洋上的观察，尽管环南极洲各海洋中均有见到白眉企鹅的情况，但以西经26°—75°为主要分布区，即南极半岛、南设得兰群岛、火地岛、马尔维纳斯群岛（福克兰群岛）、南乔治亚岛、南桑威奇群岛。这个分布区少部分位于南太平洋，大部分位于大西洋中，因此说，白眉企鹅的种群主要集中在南大西洋中，印度洋和太平洋中的白眉企鹅以零散存在的小群体为主，而那些群体一般不会离开自己开辟的繁殖地太远，但分布于南极区的种群非繁殖季的活动范围要远一些，像南极半岛和南设得兰群岛的种群，寒冷季节时的海冰距离海岸线较远，而白眉企鹅一年四季都要到水中去吃东西，它们没有打开冰封海面的能力，因此在海冰封冻的季节里，它们只能到更远的浮冰边缘去觅食。

　　白眉企鹅的繁殖季从10月下旬开始，根据栖息地所处的纬度不同，南北略有差异。白眉企鹅每年产2枚卵，但很多时候只能保证1只成活，孵化期在5周左右。我眼前的这群企鹅，现在已经到了育雏期中最为忙碌的阶段，求偶、交配和孵化期大多都已结束，尽管群体里还不时会有一些雌雄个体做着那些令人"羞羞"的事情，有一两对的巢里还在孵化着未破壳的蛋，但大多数巢台上承载着两个胖乎乎、毛茸茸的小家伙了。在刚出壳的时候，这些"毛球"只有100克重，但它们增重很快，2周时间就能长到700克，现在它们中的多数个体都已经4周大了，肥硕得你要用两只手掌才能把它们托起来了（当然，这样做是不可以的）。育雏期的成鸟，总是轮流出海猎捕鱼虾来哺育雏鸟，现在它们并不跑远，由于埃雷拉海峡是"内海峡"的缘故，水流缓慢，海峡内留存了不少积冰，既有淡水的冰山，又有初夏融化开来的碎海冰，这些积冰的下面是磷虾聚集的地方，磷虾是企鹅的主食，这也是企鹅选择于此筑巢的重要原因。小企鹅很贪吃，只要它们感觉胃里还有空间，就会挺直身体、昂起头找父母要吃的，但凡于此，成鸟只要胃里还有东西，就会张开嘴，让小家伙把头钻到大鸟嘴里，把半消化的渔获物反刍到小鸟的口中。如果大鸟胃内容物量多的话，这个反刍动作完成得还算轻松，如果大鸟胃里的东西所剩无几，那可就费劲了，做父母的会竭尽全力蜷缩身体、收缩腹部，并同时梗起脖子奋力一呕，试图弄出一点点鱼虾给这

白眉企鹅的交配

左上 正在育雏的白眉企鹅

左下 几乎每个巢内有一双儿女

右上 认真孵育

右中 正在孵蛋的白眉企鹅

右下 4周大的小企鹅在与妈妈亲昵

左　一只在人类建筑旁边的企鹅与 6 周大的雏鸟

右　8 周大的小企鹅巢台已经容纳不下，亲鸟便把它们带出来喂养

个婴儿，而这点食物往往并不足以填满婴儿的肚皮，反倒更加刺激了婴儿的求食欲，于是就出现了小鸟更加奋力地把脑袋往大鸟喉咙里塞，大鸟被小家伙顶得频频后退的难受样子，直到实在呕不出什么东西了，意犹未尽的小鸟才会把脑袋退出来，大鸟此时仍会不停张嘴，频频摇头，甩去黏在喙间的胃液，然后再立在那里大口喘气，久久不能平复。有时大鸟胃内的存货已被小鸟掏空殆尽，而小鸟仍在不厌其烦地昂首索食，大鸟会做出挺直身体、昂起脖子、嘴尖朝天的动作，拒绝喂食，小鸟就只能等待另一只亲鸟归巢喂了。当另一只亲鸟胃内装满鱼虾归来，几乎所有的小鸟都会立即起身索食，并不管饥饿与否，只有索食行为最为强烈的小鸟，才有更多的生存机会。

　　在后来的考察作业中，也有过几次对埃雷拉海峡巢区的观察，其中最早到达该海域的日期是 11 月 24 日，那是 2016 年，此时邮轮旅游已经在南极半岛蓬勃开展，作为著名的鸟类观察地点，库弗维尔岛已成为不少"轻探险级"邮轮的必到之处（我对把如此重要的巢区作为旅游开放地持保留态度，我主张把次要栖息地作为旅游和科普的场所为好）。因为旅游的高峰期要等到 12 月底至次年 2 月中旬（即圣诞节到寒假结束），因此海滩上还看不到游客的脚印。那时海峡两岸的山坡上都覆盖着皑皑

上　11月底的库弗维尔
　　岛巢区

中　早到的"泥猴儿"

下　求偶中的白眉企鹅

的白雪，海峡中的积冰以大块的冰山为主，在向海岸发起"冲锋"的时候，冲锋舟开得很慢，须在狭窄的水胡同中小心绕过巨大的冰体才能接近海滩。本次的考察地点，也是库弗维尔岛巢区。我看到，在四周都是洁白的世界里，巢区显得更加明显了，明显的原因是"很脏"，在四下一片白茫茫的积雪中，暗红色的一片就是巢区。没错，暗红色是企鹅粪便的颜色，这次不是粘在石头上了，它们把屎直接拉在雪上，这促进了积雪的融化，再经过无数双脚蹼的踩踏，去年的旧巢渐渐露了出来，同时也把暗红色的污泥溅得到处都是，把本该黑白分明的企鹅，打扮成了红色的"泥猴儿"，散发出浓重的味道。爱情的季节如约而至，最先到达繁殖地的好像总是爷们儿，它们如约守在去年旧巢的附近，尽管有一部分业主的"房产"目前还在冰雪下面没露出来，但这似乎并不妨碍夫妻每年一度共同生活的开始，它们一面平心静气地待在群体里消化腹中渔获，一面耐心等待，不时呼唤几声。我看到，有的妻子已经陆续来了，她们蹒跚地走上岸，在雪地上留下串串脚印，穿行在鹅群中，迫不及待地找寻自己的配偶。相遇的一刻无疑是激动万分且不失礼仪的，先是点头哈腰地嘘寒问暖一番，然后颇为默契地引吭高歌，且动作整齐划一。归巢的夫妻越来越多了，大家纷纷昂首向天歌唱，本来寂寥的冰雪世界，现在到处都是爱情的歌声——那高亢的、带着颤音的"驴叫"声此起彼伏。

最晚来到埃雷拉海峡的一次是3月13日，地点是在库弗维尔岛以南4千米的丹科岛，此时已接近繁殖季的尾声，小鸟已经长到和父母一样大了，换上了一身亚成体所特有的羽毛。白眉企鹅是整个企鹅目唯一一种一生中具有3种羽色的物种，它们初生时的绒毛颜色为灰色，长到80—100天时，陆续换上亚成体（相当于人类的青春期）的羽毛，羽色与成鸟几乎一致，但眼上的白色眉纹略短（不明显），喉部羽色为深灰色或污黑色，背部的黑色羽毛中会有斑驳的白色斑点，这种情况在次年换羽的时候改变，待第二次换羽后，就与成体羽色一致了。这其实与很多鸻形目鸥科鸟类的生理表现一致，这是否提示两种鸟类之间存在某种亲缘关系呢？有待于今后发现更多的化石证据才能说清楚。

左　在海边"泡脚"的雏鸟

右　浅海中学游泳的雏鸟

　　3月中旬的小鸟多数已经10周大了。出壳6周后的小鸟就能长到和成鸟差不多大，尽管身上还是一身乳毛，但可以出巢追着父母到处跑了，其天敌——贼鸥和白鞘嘴鸥此时也难于下手了。它们的父母离巢捕食的时间越来越长，有时一方刚刚给小鸟喂完食，等不及另一方归巢，便放下孩子匆匆离去。因为此时雏鸟的发育已经开进"快车道"，体形越来越大，胃口也越发成为"无底洞"，必须由其父母昼夜不停猎食才能满足。这些雏鸟会聚到一起形成一个成员不十分固定的"小圈子"，相互寻求安慰。这一阶段对它们十分重要，一方面它们开始适应独立生活，另一方面也能相互交流和提升生存技能（如游泳）。这样颇具效率的育雏方式缘于极地的暖季太过短暂，雏鸟如果不在短时间内尽最快速度长大，等待它们的只有死亡。这些小企鹅现在与自己父母相遇的机会越来越少，它们的父母已经由一个月前最慈爱的亲人，逐渐蜕变成了冷面狠心的陌路人，海滩上到处可以看见追着父母拼命奔跑的小企鹅，它们张开两只半月形的翅膀，叫着，跑着，摔倒，再叫，再跑，再摔，再跑……而前面的大鸟总是更加拼命地奔跑，极力摆脱自己孩子的追逐，直到某一天，永远消失在亲生骨肉的视野中……

左 完成换羽的小企鹅（左）追着
成鸟跑

右 白眉企鹅亚成体羽色背部有白
斑，下颌为灰色

　　海岸上的积雪已经退缩到了很高的坡上，被雪水润透的大地上，铺
满了海苔状的淡水绿藻，就像碧绿的草原。阳光普照着大地，雪水从高
处流淌下来，汇成涓涓细流，聚到近岸处的低地上，形成一个个浅浅的
淡水池塘。几乎每个池塘里都有几只身上还有较多乳毛的小企鹅在里面
泡脚、洗脸……其实，它们是在学游泳。尽管这些泡池塘的小家伙们今
后的一生都要在浩瀚的大洋里讨生活，但现在的它们仿佛天生怕水，远
远地躲开一来一退的海浪，这些无风又无浪、水深仅仅没腿的淡水小
池塘，就成了它们生命中第一个游泳课堂。你看它们的样子，时而抬
起脚来踩踩水，时而弯下腰，把脑袋扎进去，马上就抬起来，把水珠
甩得同伴一身，就像在洗脸盆里扎猛子的孩子。一旦身上的绒毛褪尽，
它们就要去大海边一试身手了，当然，最初仍旧是在浅滩石湾中泡脚、
洗脸、扑水花……但过不了几天，它们就俯下身去，钻到足以淹没它
们的冰海中潜泳遨游了，直到它们发现浮冰下那些活跃的磷虾与父母
喉咙中吐出的美味是一样的可口，就标志着它们的生命历程又成功迈出
了一步。

帽带企鹅

在四种南极企鹅中，帽带企鹅是最具攻击性的。对于这样的说法，我在第一次见到它们的时候就领教了。在乔治王岛的地理湾，海滩上有几头睡梦中的威德尔海豹和南极海狗。忽然，几只帽带企鹅从水里钻了出来，摇摇摆摆地走上岸，它们很快找到了同类，又有几只帽带企鹅从海滩的另一角登陆，朝着它们走来了。我本以为同类彼此之间碰面要友好地互致问候，但不知为什么，它们打招呼的方式是拦住对方，扯着脖子，发出驴一样的嘶叫声吵架，进而变成大打出手，用嘴去扯对方的羽毛，并用鳍状翅相互拍打对

手机扫码
欣赏精彩视频

帽带企鹅

方的身体。尽管这样的打架不会给对方造成任何伤害，但它们仍旧打得十分认真。像这种一言不合就打架或者是无缘无故就打架的坏脾气，在别的动物那里还真是挺少见的。它们打架的原因可能是觉得对方侵占了自己的"地盘"，尽管它们也不清楚，刚刚占领的这片"殖民地"到底是谁的，但只要把对方赶走，自己便能在这里多站上一会儿，又或者是这种领地的争夺，是为繁殖期发生同样问题进行的一次预演？总之，争吵与大打出手，是帽带企鹅不可或缺的一种交流方式。我还在一次繁殖季都结束了的时候，看到一只成年帽带企鹅冒着淅淅沥沥的秋雨，将一块块沾满泥水的石头从不远处聚拢到自己的脚下，乱七八糟地堆在一起。是对这个繁殖季中"两口子一同筑巢"往事的无尽怀念？还是这个繁殖季整天尽忙着捡石头留下来的"后遗症"？或是为明年的繁殖季做准备？以至于只要见到石头，不由自主地就想捡……它们的世界，可真是难懂。

成年帽带企鹅比白眉企鹅略小些，体长大约 70 厘米，重约 4 千克，它们在黑身白肚皮的配色方案上所加的修饰是从下颌到眼后有一根细而明显的墨线与头顶黑色的帽状黑羽相连，就像海军军帽上的那根帽带，它的名字帽带企鹅和另一个别名"纹颊企鹅"即来源于此。它的喙通体为黑色，脚为粉色，虹膜为棕色。帽带企鹅的生活史与白眉企鹅相似，它们也是筑巢企鹅，只是帽带企鹅巢台的高度较白眉企鹅的略低一些。

　　帽带企鹅也呈环南极洲分布，南极大陆上的繁殖地主要集中在南极半岛上，其他繁殖地主要位于周边的岛屿，如南设得兰群岛、南奥克尼群岛、南桑威奇群岛、南乔治亚岛、巴勒尼群岛、布韦岛、彼得一世岛等地。其中以南桑威奇群岛的繁殖群为最大，据说超过100万对。尽管拥有如此多的数量，但它们的栖息地环境正受到全球气候变化的侵扰，这个被世界自然保护联盟（IUCN）列为"2012年濒危物种红色名录"中LC级（低度危险）的物种，其实目前的生存形势并不乐观。

　　我所观察过的帽带企鹅繁殖群位于南设得兰群岛的半月岛（Half Moon Island），那里地处两大岛屿——格林威治岛（Greenwich Island）与利文斯顿岛（Livingston Island）之间的月亮湾（Moon Bay）中，两大岛屿

左　半月岛繁殖地

右上　正赶往巢区的成鸟

右下　公鸟们高昂着脖子
　　　唱歌

伸出的海岬如一双宽怀仁厚的臂膀，将海湾之中小小的半月岛揽入怀中。月亮湾，风平浪静；半月岛，滩平坡缓，是野生动物在气候条件恶劣的南极荒野里一处难得的避风港。

半月岛长度仅 2 千米，地形如同一弯新月，两端有高出地面几十米至上百米的小石山，中间由一段平缓的碎石海滩相连，这里是 3000 多对帽带企鹅的家。

11 月迎来了南极洲的初夏，就连海滩上的积雪都还没开化的时候，帽带企鹅就已经迫不及待地从四面八方向小岛聚拢而来，先到的公鸟们高昂着脖子直颈向天歌，尽管歌声沙哑，但不遗余力，只要有"一人带头"，马上变成"千人合唱"。

　　那些夫妇二人都已到齐的家庭，它们对公鸟们的"合唱"或"独唱"都置若罔闻，夫妇俩不紧不慢地修补起去年的旧巢，当然也可能在垒今年的新巢，忙不迭地从远处运石头。由于露出雪面的旧巢还非常少，偷别人家石头的机会还没到，因此不得不从很远处的山坡或海滩挖来带泥带土的新建材，再叼着这些东西费劲地爬上山。此时节，到处可以看到往山顶上搬运石头的胖鸟，踏着厚厚的积雪走走停停，尽管时而摔倒，但从不放弃，奋力攀登。有些雌鸟，已趴在刚刚修补过的窝里，我没有看到它们肚子底下的蛋，但它们的确已经为孵蛋做好了准备。

　　帽带企鹅也是雌雄两性都参与孵化的企鹅从正面看，在它们腹部正中线偏下一点的地方，有一条褶皱（孵化期明显），这个皮褶表面绒毛较薄，这个区域平时收紧，以保藏珍贵的体温，而在孵蛋的时候，这片褶皱则会放松，并贴近蛋的表面，使蛋得到较高的温度。这一点，很像帝企鹅的孵化囊，也是这样的皮褶，只是更为宽大，可以覆盖在脚面上。

　　这里的帽带企鹅一般会在 11 月下旬产两个卵。孵化初期，雌雄鸟的轮班周期能持续 5—10 天，但随着时间推移，所需补充的能量增加，轮班时间会缩短。大约 5 周，小企鹅出壳，初生的小企鹅通体灰色。父母会挑选强壮的一个优先喂养，因此每个繁殖季常常只能成活一只。大约 8 周之后，小企鹅开始陆续被父母抛弃，独自面对大自然的一生正式开始。

　　我曾于3月初到过距此不远的另一处帽带企鹅栖息地——巴林托斯岛（Barrientos Island），它位于格林威治岛北侧，南纬62°24′，西经59°44′，是一座岩石表面长满淡水绿藻的小岛。在到达这个小岛之前，我曾以为可以在这里看到灰色绒毛早已褪尽，体色和大小与成年企鹅无异的小企鹅。然而令我感到意外的是，在这个岛上我并没有看到小企鹅，许许多多成年帽带企鹅密密匝匝地站在一起，它们既不下水捕食，也不在地上走来走去，就那么挤在一起在山坡上待着，待着……我看到它们

巴林托斯岛栖息地

身上的羽毛参差不齐，仿佛被谁用手拔过的一样，连一撮一撮的毛根都露了出来，还有一些羽毛像被拔了一半，乱蓬蓬。原来，这些成鸟正在等待换毛。

现在新羽已经长出皮表，那些旧羽连同毛根就被顶了出来，有些已经脱落了，但有些还挂在身上，显得破破烂烂的。这其实是观察企鹅羽毛结构的机会，它们背部的羽毛有一根羽轴，羽轴两侧发出一根根梳子状的羽枝出来，其中最靠上的是较硬的黑色角质羽枝，收拢之后可以防水，靠下的部分为轻软的绒状羽枝，蓬松，可以保暖，翅上的羽毛只有角质羽枝而没有绒羽；腹侧面的羽毛结构与背部相似，只是通体为白色，绒状羽枝更多，也更为蓬松一些。现在，这些企鹅正踌躇满志地站在海岸上，不时抖抖身体，任凭正盛的秋风将这身旧装吹掉，新换的羽衣更能抵御南极严酷的寒冬。它们现在的身体还不防水，等新羽换齐，就可以上路了，它们将再一次回归大海，过着四处漂泊的捕食生活，直到下一个繁殖季的到来。

上　不同部位的羽毛形态不一，换毛可见

下左　等候换羽的企鹅

下右　大家都聚在一起，等待出发的时刻到来

阿德利企鹅

手机扫码
欣赏精彩视频

"不屑"的
眼神

  它们默默地来到世界上，又默默地走了，没有任何人知道它们曾经来过，在地球最偏远的角落……富兰克林岛的南部海滩，被冰水冻硬了的地面上，到处都能看到棕黑色、团块状的"大理石花纹"，仔细看，原来这些"花纹"状的痕迹都是未满 3 周大的小企鹅尸骨！

  富兰克林岛位于罗斯海西侧，是阿德利企鹅在这个地区的一处重要繁殖地，每年暖季开始时，有大约 5 万对企鹅来此繁殖。我是于 2017 年 2 月底到达这里的，那时繁殖季已接近尾声，它们中的大部分个体已然结束繁殖任务（我们姑且不论完成得是否成功）并换好新羽毛，回归到大洋深处去了。虽然它们是南极洲的象征，但仍需要在冬季到来之前离开这块冰封的大陆，前往南极圈外的冰缘区或亚南极群岛越冬。

　　尽管企鹅已然走了不少，但此时海滩上仍旧略显拥挤，由于换毛的时间有早有晚，还有数千只企鹅才换上仅仅一半的新羽，还有一半的旧羽刚刚髭出毛根，东一块西一块地"粘"在身上。这种毛皮不防水，现在它们既不能捕食，也不能远游，就像被抛弃在荒岛上的囚犯一样，披着"破烂的旧皮袄"，眯缝着双眼，呆立在海滩上，百无聊赖地等候着萧瑟秋风把那些残留的毛根逐根拔去，直到新羽覆满全身。

上　地面上到处是小小的尸骨，这些尸骨上覆满了茸茸的细毛，说明它们都是两三个月前才出生的小企鹅

下左　圆圆的积雪是今年巢台的位置，你还可以看到石子摆放的方向，旁边有一具小企鹅的尸骨

下右　富兰克林岛的南部海滩

上左 正在换毛的阿德利企鹅

上右 仰着脖子站立，等候旧羽被强劲的秋风吹落

下 脱落的腹部羽毛，上部羽枝排列整齐，细密防水，根部可见较多可以保暖的绒羽

　　成年阿德利企鹅体长 70 厘米左右，重 4—6 千克，是四种南极企鹅中体形最小的。它们会在每年 10 月回到南极洲，雌雄企鹅会用小石头垒起圆形巢台，随后产下两个乒乓球大小的蛋，但由于南极环境的严苛，即使整个繁殖季风调雨顺，通常也只有一只能成活下来。

　　阿德利企鹅是"标准基础版"的企鹅，黑色的头部，黑色的背侧面，白色的腹侧面，没有任何冠羽、眉纹、颊纹、腹部环状纹等其他多余的"装饰"，仿佛其他种类的企鹅都是在它的基础上"加工"出来的升级版。它们每年夏季在南极大陆及周边的南设得兰群岛、南桑威奇群岛等地繁殖，其他时间则游弋于浮冰边缘及各亚南极群岛觅食、休息。它们的食物主要是磷虾、乌贼、鱿鱼和小鱼，繁殖季在较南部的海域，主要捕食磷虾。

它们是企鹅目中数量最多的，鸟类学家们曾估计它们超过600万只，但现在大家的看法一般不这样乐观。我沿着长长的海滩漫步，努力搜寻今年出生的小企鹅，现在这个时节，它们都应该换上了成鸟的着装，有的已经离去，开始自己独立的生活，有的应该还在，在它们靓丽的新羽上，总会残存着几根棕黑色的绒毛。我从海滩的一头走到另一头，居然连一只雏鸟也没看到。在回程途中，我检视了所有当时对这个繁殖群拍摄的照片和动态影像，依然没找到小企鹅。难道它们都走了？还是遭遇了什么别的变故……

同年10月，我注意到英国《每日电讯报》（*The Telegraph*）

左上 准备钻入冰水中捕食

左下 一小队企鹅从初冰上经过

右 海滩上并没有找到当年出生的小企鹅

英国《每日电讯报》网页

播发的一则题为《南极繁殖季的灾难，几千只企鹅幼雏死亡》（*Thousands of penguin chicks die in Antarctica breeding disaster*）的新闻。报道称，2017年初，法国科学家在东南极的一个拥有18000对阿德利企鹅的繁殖地观察到，整个栖息地只有两只雏鸟成活下来。而这样的事情已不是第一次发生，这个研究组此前曾观察到，2015年在这个栖息地繁殖的企鹅有20196对，而当年居然连一只雏鸟也没有活下来。专家分析这是由于气候变化的影响，海冰存量的减少影响了它们食物的数量。

上　　在罗斯海冰区栖息的阿德利企鹅群

下　　富兰克林岛附近见不到一片海冰

兰克林岛锚
锋下的"南
雨"

　　以前我曾注意到，2014年初，法国科学家在学术期刊《公共科学图书馆·综合》（*PLoS ONE*）上也曾就这个问题发文称：气候变化正在改变阿德利企鹅的栖息地范围。气候变化影响南极罗斯海海域的海冰存量以及新形成的冰山，这会对企鹅造成显著影响。阿德利企鹅的食物依赖于冰（因为磷虾等企鹅吃的浮游生物要生存在海冰之下——作者注），当海冰较少时，企鹅捕食的时间会更长，同时也影响繁殖的成功率。

　　我所见到的富兰克林岛周围海面，确很开阔，见不到任何浮冰群。在那里，我还赶上了一场冰冷的"南极雨"，这更令我为那些小企鹅感到担忧。因为除了食物短缺造成小企鹅丧生以外，雨水也是杀死小企鹅的直接利器。

　　随着近年来南极洲边缘夏季暖湿气流的日益增多，下雨的机会较以前多了许多倍，刚出壳的雏鸟身上长出的绒毛不防水，当雨滴打湿这些绒毛后很不容易干燥，这时，即便在夏季，依然凛冽的寒风会迅速带走它们的体温，因失温而丧生的小企鹅不在少数。目前鸟类学家已然观察到阿德利企鹅的数量在减少，如果这种情况始终得不到改善的话，它们将很快从我们的星球上消失。

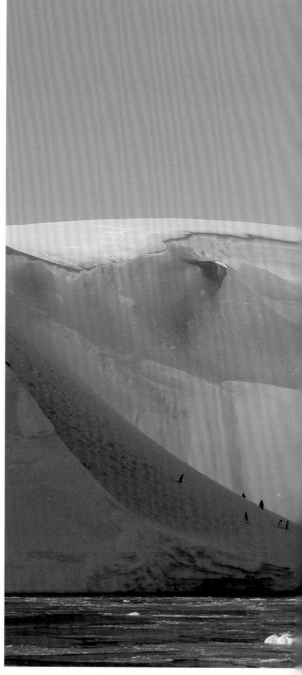

可爱的阿德利企鹅和它们的栖息地

帝企鹅

手机扫码
欣赏精彩视频

"皇帝"的派头

　　世界上体形最大、最重的企鹅在南极洲如同"神"一般的存在。有关它们的图画书籍、造型玩具和装饰品不计其数，它们的故事被不厌其烦地搬上荧屏或银幕，是各色南极题材影片中最耀眼的明星。今天，你想要了解它们的生活，只要打开电视机，看一下法国导演吕克·雅盖执导的《帝企鹅日记》，便能从中领悟到一些它们在极地顽强拼搏的精神。为了能亲眼目睹"南极主人"的风采，很多人不惜花费重金，乘坐各种飞行工具、冒着各种不确定的风险，从南非开普敦或智利的蓬塔阿雷纳斯一站一站地飞向它们的繁殖地，在寒风和暴雪中，与它们共处一段珍贵的时光。

上 栖息在罗斯冰架附近的
帝企鹅

下左 帝企鹅的背部羽色

下右 一小队帝企鹅向我走来

帝企鹅只有在繁殖季才会聚成一个庞大的群体，那时正好处在南极寒冷的严冬和早春。在其他季节，它们单独或结成小群在环南极洲的各大洋近岸水域觅食。我是幸运的，虽然在极地我只从事夏季工作，看不到电影中那些壮观震撼的帝企鹅群，但我曾经考察过的罗斯海沿岸是它们夏季的主要觅食场所，那里经常可以看到落单或结群活动的帝企鹅，不用大费周章，也能领略到"南极主人"的风采，真是再好不过了。

帝企鹅的取食是不分黑夜与白昼的，这是我到达南纬77°海冰区才知道的事情。2017年2月底的一天，我晚间去甲板上察看海冰位置，午夜时分，茫茫黑夜已然降临到罗斯冰架的前缘，太阳已经可以短时间完全降到地平线下，只在很低的天空中留下一抹淡红色的余晖。由于有浮冰的阻挠，大船缓缓前行。忽然，借助余晖，远处的海冰上，出现一个

上 帝企鹅的腹部下方有一个皮褶，它们的蛋一生下来，就放在脚面上，用皮褶盖住，这个皮褶也是小企鹅的避难所

下左 帝企鹅身高1.1—1.3米，重约40千克，当它与阿德利企鹅"同框"的时候，明显大出不少

下右 帝企鹅靠吃雪补充水分

左上 帝企鹅厚厚的脚掌像一双结实的雪地靴

左下 夜幕下出来活动的帝企鹅。它以海冰下面的磷虾、小鱼、鱿鱼等为食，从清晨到午夜，都能够观察到它外出活动

右 理毛的时候，嘴可以够到肚皮

落日余晖中的
帝企鹅

上　　一小群帝企鹅在大海中捕食

下　　一队用肚皮行进的帝企鹅

一只昂首阔步的帝企鹅

用两只脚走路的人形黑影，步履蹒跚但步伐稳重，不慌不忙地向船头走来。待它走近，原来是一只身形庞大的帝企鹅。它还没有休息，正试图穿越浮冰群，前往另一处开放的水域。前进中的船头把一大块海冰撞裂，当它脚下的浮冰忽地裂成几块的时候，它连忙趴在冰面上，"呀啊啊——"发出带有簧片音的一声低吟，用鳍状翅和后足支撑着肥胖的肚皮向斜前方划去。

在罗斯海航行时，我从南纬 72° 附近的哈利特角开始观察到有落单的帝企鹅出现，继而在南纬 74° 特拉诺瓦湾的西北海岸再次观察到，进入南纬 77° 附近的麦克默多湾的时候，几乎每天都能见到几小群帝企鹅，它们在水中快速地前进、捕食，累了，就站在浮冰边缘休憩。这里是罗斯海最容易观察到帝企鹅夏季捕食的地方，还经常可以看到冰上的帝企鹅与水中的虎鲸"同框"的画面。能够供我近距离观察帝企鹅行为的地方是在罗斯岛东侧的罗斯冰架前缘，夏末秋初时节，那里的浮冰群十分稳定，放小艇游弋其间，能找到一些帝企鹅。有一次，我乘小艇登临一块较大的隔年海冰，刚一上"岸"，就看到不远处正趴着两只营养状况十分良好的帝企鹅，还是"呀啊啊——"带有簧片音的一声问候，它们站起身来，目不转睛地看着我。我怕惊扰到它们，慢慢地坐在冰上观察，生怕惊扰到浮冰的"主人"。我以为它们要向远处离开，没想到其中一只却向我走来，原来它们并不怕人。在正午骄人的阳光下，我仰望着它胸脯上闪着金子般光泽的羽毛，悉心品味着它的名字。

6

第六章

海兽传

南极的兽类都姓"海"

　　南极洲没有陆地哺乳动物，一种也没有，那里的兽类都姓"海"。海洋哺乳动物是一个极其特殊的类群，它们的祖先都是陆生动物，后来因为在陆地上生活的竞争压力实在是太大了，同时海洋中丰富食物和安逸生活环境的诱惑，促使它们重新回到了水中，外形也随之产生了巨大的变化。为方便游泳，这些动物的体形向流线形发展，四肢逐渐变成了鳍或鳍脚（保留着脚趾和趾甲的鳍状肢）；为便于呼吸，有的把鼻孔移到了头顶上。它们有的已完全适应了海洋环境而不需要再爬上陆地，有的还需要在地面上完成繁殖或者趴在海滩上睡觉、晒太阳。无一例外的是，它们还不能终生待在水下，还需不时把鼻孔露出水面，呼吸空气中的氧，去过胎生、哺乳的兽类生活。人们把这些动物统称为"海兽"。

　　南极大陆也不是从来都没有过陆地兽，在恐龙统治地球的中生代晚期，南极大陆的气候还相对温暖，整个陆地被森林和草原覆盖着，大量的脊椎动物——兽类、鸟类、爬行动物和两栖动物生活其间，这样的和谐景象一直持续了很多年，即使是 6500 万年前的那次"生命大灭绝"也没能完全摧毁。1982 年，美国科学家曾在南极洲的西摩岛发现了有袋类的哺乳动物化石（在新生代早期的始新世地层，距今约 5500 万—3370 万年），随后的考察中又发现了一些有胎盘的哺乳动物化石（有袋类兽是无胎盘的，是古老的哺乳动物，而今天大多数兽类即真兽类，都是有胎盘的）。大量证据表明，中生代晚期至新生代早期，南极大陆上曾生活着大量的早期兽类。到了始新世末期，南极洲所在的冈瓦纳古陆彻底瓦解，南极洲与南美

洲之间的古地峡断裂开来，逐渐形成今天宽阔的德雷克海峡，南极洲"义
无反顾"地向寒冷的南极点方向漂移，原本郁郁葱葱的陆地变得越发寒冷，
直至荒漠一片，本就不耐寒冷且需要大量食物补充热量的温血动物——兽
类最终没能扛住环境的变迁，所有的陆地兽悉数灭绝，它们的尸骨被深埋
在地下，整片陆地也逐渐被厚厚的冰层、积雪所覆盖。

　　寒冷虽然摧毁了整个陆地动物群，却成就了大量海洋动物的发展。
近极海域冰山和浮冰数量的逐渐增多，让本就喜欢冷水环境的硅藻等浮
游藻类有了栖身之所，这些藻类紧贴着冰块下缘，享受着盐度适宜的海
水和强弱适合的太阳光线，大肆繁殖起来。大量的浮游藻类吸引来磷虾、
钩虾等甲壳类浮游动物，它们都是海洋脊椎动物的良好饵料。这下可好，
有了吃的，冰冷的海水里一下子热闹了起来，鱼、海鸟、海兽，全来了，
南大洋成了全球生物量最大的水体。

　　能够在繁殖期或较长时间待在南极圈里的海兽包括海豹、海狮所在的
鳍脚类和鲸、海豚所在的鲸豚类。鳍脚类动物以前都划分在哺乳纲下面的
鳍脚目，后来人们觉得它们的祖先都是古代的食肉目动物，近年来索性把
它们又都划归到食肉目，分布在南极的有 6 种，即锯齿海豹、威德尔海豹、

上　一头毛色油亮的锯齿
　　海豹在浮冰上睡觉

下　豹形海豹的眼角流下
　　一行"热泪"，这其
　　实是为了排除体内多
　　余的盐分

豹形海豹、南象海豹、罗斯海豹和南极海狗（南极毛皮海狮）。鲸豚类动物都属于鲸目，分为须鲸和齿鲸两个亚目，游弋到南极海域的须鲸主要有蓝鲸、长须鲸、小须鲸、南极小须鲸、塞鲸、大翅鲸、南露脊鲸，齿鲸主要有抹香鲸、虎鲸、阿氏贝喙鲸、南瓶鼻鲸、长肢领航鲸和沙漏斑纹海豚。

这些到南极海域来的海兽从种类上看虽然不算多，但数量大得惊人。例如海豹，占全球数量的一半以上都集中在这块冰大陆周围；要想找到世界上最大的鲸群，也只能在南极洲。

锯齿海豹

说实话，起初我对锯齿海豹的印象并不好，主要是因为它长得丑。大多数海豹都是圆脸盘，这种脸形再配上大眼睛的话，会显得很可爱。在北极和南极，到处都有长着圆脸盘的海豹，它们圆脸，大眼睛，胖胖的。这种颜值的巅峰往往出现在它们刚出生的时候，所以直到现在，我也很难原谅那些在

手机扫码
欣赏精彩视频

上左　侧脸

上右　正面照

下　　锯齿海豹

冰上用棍棒打死海豹婴儿以获取雪白毛皮的猎人。锯齿海豹的脸和那些长着圆脸的海豹不一样，它们特立独行地把脸给拉长了，前端的鼻子还稍稍向上拱起来一些，从正面看，有点儿像猪，而从侧面看，好像条狗啊……

面相如此也就罢了，体形也不如人意，身材修长本来是加分项，可太长的话，就会显得头小和手脚短，而海豹科动物的四肢本来就短，身体太长的话，就更不相称了。在面相和身材都不看好的情况下，如果能有一身好看的皮毛，也许还可以扳回一局，可锯齿海豹偏偏还就长了一身黄不黄、绿不绿、灰不灰的皮毛出来，上面还经常散布着伤疤和血渍，大有一副以歪就歪，其奈我何的架势。

修长的体形

可就是这样的一支"奇葩"，却是整个海兽群体中进化得最为成功的强者。每逢初夏，大船在南极半岛周围那些布满浮冰的峡湾中航行的时候，只要你愿意拿一架望远镜站在甲板上观察，无论清晨、黄昏还是午夜，你的视野里总会有一只、几只甚至几小群锯齿海豹趴在冰面上。它们分布的区域是如此广大，南极洲周围所有的陆缘海、大洋都是它们的游泳场，南极大陆边缘每一处它们能够爬上去的海滩、礁石、岛屿和浮冰，都能成为它们的睡床，它们最远可以游到南美洲、非洲等南半球

"海豹床"

各大陆最南端的海岸上休息。这么大的分布面积，想弄清楚它们到底有多少"人口"是件难事。1978 年，科学家们粗略估计它们的数量在 1500 万头左右，但后来这个数字被认为估计过高，真实的数量可能在 700 万—1400 万头，这个数字区间仍旧很大，但我相信还是有一定根据的，即使只有 700 万头，它们的数量也远远高于现存的任何一种其他海兽。

目前，在南极洲发现的最早锯齿海豹残骸不足一万年，在南非开普敦附近晚更新世地层中发掘出的勉强能算得上化石的残骸也不过一万多年，因此有些人认为它们到达南极洲的时间比较晚，甚至全新世早期（约 1 万年前）还没有到达南极，这样的说法我认为是不可取的，这种"找不到就等于没有"的论调未免过于武断。与锯齿海豹亲缘关系最近的祖先是至少在中新世（距今约 2380 万—532 万年前）早期就生活在北大西洋西岸的僧形海豹，这些僧形海豹一支横渡大西洋进入古地中海，一支经过美洲中部通道（那个时候南北美洲之间还没有相连，中间有水域联通）进入太平洋，还有一支南下进入南大西洋，据遗传证据推测在中新世晚期或上新世早期（距今约 500 多万年前）就已经到达了南极洲边缘海。虽然那个时代的南极洲海域无论是水温还是气候都比现在暖和得多，但

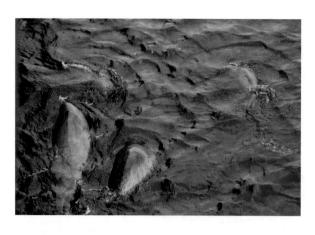

游弋在南极洲海岸线
周边的锯齿海豹

一个不稳定的因素正逐渐且持续地发挥了作用，这就是原本在中生代还携手相连的"好兄弟"——南美大陆、南极大陆此时已然分手相离，并渐行渐远。两大陆地分手后，之间形成的一片新水域——德雷克海峡开始日渐宽阔。可不要小看这条不断加宽的水道，它最终使南半球的所有大洋得以联通，在南方高纬地区形成了一道既看不到头，也瞧不到尾，犹如"驴拉磨"般终日围绕南极大陆跑的海流。这是一道环形运动的寒流，分离了旧世界里一切温暖的东西，从而改变了南极大陆和周围陆缘海持续了亿万年的样子，这些地方越来越冷，最终变成了今天的冰雪世界。那些"南漂"的海豹们，并没有因日渐寒冷的海水而退却，虽然被这支看不见的力量所裹挟着，但它们试图千方百计地改变着自己的样子、食物与生活方式，努力适应着新的环境，经过百万年的努力，最终与温带的"兄弟们"彻底分离，成为一种新的动物，并最终凭借这里独特的资源和自身高超的适应性成为世界上为数最多的海兽。

食物的改变，是这种动物在南极洲繁盛的主要原因。南极环流的形成令世代栖居在这片水域中的生物类群发生了变化，"南漂"海豹吃惯了的食物——温水中生活的鱼类和头足类软体动物渐渐稀少，代之以个体更小、数量更多、喜欢在冷水洋流中结群游弋并在冰块下方聚集的磷虾。锯齿海豹的祖先很快发现了这一重要的蛋白质宝库，及时调整了自己的食谱，令自己得以存活下来。可以想见，这些圆脸大嘴的家伙们最初面对这些营养丰富但身材细小的猎物是多么的笨拙无助，好在它们很快掌握了吃这种东西的诀窍——像须鲸那样进食：把头伸进磷虾聚集的海水或冰间隙，含上一口混合着磷虾的海水，然后咬紧牙关，把水从牙缝中挤出去，细小的磷虾便留在了嘴里。为了更方便地摄取这种小身材的猎物，它们还对自己的身体进行了一番"改造"：颅骨变得更扁，脸变得更长，身体也变得更加修长。

很多动物小时候都保持了自己祖先的模样，这就如同青蛙小的时候像条小鱼一样。现在我们可以通过锯齿海豹的幼崽和年轻的个体想象一下它们祖先的样子。锯齿海豹出生的时候也是圆脸的，即使长到青年，它们的嘴脸远没有老年个体那么长，而随着年龄的增长，它们的脸会越长越长，生生把自己给长"毁"了，当然，这也是生活所迫。

上左 青年个体的锯齿海豹依稀还有"圆脸小可爱"的样子。当然，这位青年还在流鼻涕……

上右 成年锯齿海豹的吻部

下 终其一生都在生长，老年个体的体形更大，吻部也更为凸出

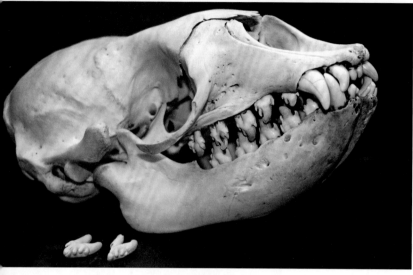

上左　水中捕食的海豹群

上中　取食过后，浮上来张开鼻孔换气

上右　入水之前，鼻孔的瓣膜肌肉关闭，防止呛水

下　　美国麦克默多站采集的锯齿海豹头骨和牙齿

　　身材的变化和脸形的前凸，有助于锯齿海豹在冰隙间搜索和摄取食物。世所公认进化得最为彻底的革命性变化，是它们根据进食方式改造过的牙齿结构。今天，当这些依靠小小猎物成长起来的庞然大物懒洋洋地躺在浮冰上打哈欠的时候，你就可以清楚地看到，它们的牙齿与任何一种哺乳动物的牙齿都有很大的区别：除门齿、犬齿和其他食肉兽相似，呈略向后弯的圆锥形外，所有颊齿的牙冠都不是规则的台状骨骼体，而是由前方一个主冠和后方三个锯齿状突起所组成，当牙关紧闭时，上下颌的牙齿会严丝合缝地吻合在一起，齿突间的弧形缺刻就被包围成一个个细小的圆孔，这些圆孔设计得大小合适——比磷虾的身材略小一点，在舌和两腮的协同作用下，将水挤出，"虾酱"就留在了嘴里。这种锯齿状的异形颊齿，也是它学名前半部分意思的由来。说起它的学名——*Lobodon carcinophagus*，前半部分的单词 lobodon 意为"瓣状的齿"，这形容得十分贴切，但后半部分 carcinophagus 则是"螃蟹"和"吃"

的单词组合，这就不那么贴切了，甚至是极其错误的。因为锯齿海豹捕食螃蟹的机会绝少，它的主要食物是磷虾，磷虾占其全部食物的95%，其他补充食物仍旧是鱼和软体动物。学名的"用词错误"直接导致了该物种其他语言名称的"错误"，锯齿海豹的英文名也就想当然地成为crabeater seal，即"吃螃蟹的海豹"，它的另一个中文别名"食蟹海豹"也在被广泛使用。

锯齿海豹在海豹家族中属于中型偏上的个头，体长为2—2.5米，平均体重一般超过200千克。大多数哺乳动物，往往是公的体形要大过母的，可到了锯齿海豹这里，却要颠倒过来——母海豹的体形更大一些，最长能长到3米，体重可以接近300千克。从每年9月开始，一些挺着大肚子的母海豹便开始爬上浮冰，准备在那里生孩子。从9月到12月初，全南极洲几乎每天都会有小海豹在浮冰上降生，它们都是独生子。海豹婴儿要在妈妈身边吃4—5周奶，这也是它们母子间仅有的相处时间，南极恶劣的自然条件不允许动物有过多的温情时间，3—4周后的婴儿便要自己学着独立生活。海豹妈妈的奶很有营养，婴儿出生时只有大约30千克重，但在哺乳期，它们每日最快增重的分量在4千克以上，等到快断奶的时候，俨然已经是100多千克的庞然大物了，而母海豹也会在这期间减轻体重的一半以上。在这些母海豹待产或者喂奶的时候，就会被追求者"盯梢"，追求者会悄悄爬上浮冰，待在不远不近的地方，自觉担任起"站岗放哨"的职责，并尽力赶走其他试图来充当这个角色的公海豹。它们耐心等待，直到哺乳期结束才会展开强烈的"爱情攻势"，而在此之前，它们会表现出少有的老实，因为它们知道，哺乳期间的母海豹脾气很不好，母海豹为了保护幼崽，会狠咬这些追求者身上最不吃痛的地方——脖子及身体两侧的皮肤。庞大的身体是吓退这些追求者有力的保障，这可能也是母海豹的体形会大一些的原因吧。科学家现在仍然还不清楚，令小海豹断奶的原因是母海豹的营养状况，还是公海豹荷尔蒙信息素在空气中的传播。哺乳期一结束，这些强悍的母海豹会直接进入发情期，欣然接受公海豹谄媚的爱意，交配过后，母海豹就会再次怀孕，而办完正事的"丈

左　　青年海豹的腹部

右　　青年海豹体侧的斑点

夫"，此时早已趁着繁殖期还没有过，追求其他母海豹去了。那些被"强迫"断奶的小海豹在失去母爱后，会尽快褪尽乳毛，换上年轻个体的外装。与成年海豹背部略深、腹部稍浅的橄榄色不同，年轻海豹的衣装大多为青灰色，肩部和身体两侧会有浅灰色的斑点或连成一片的网状斑纹。这对观察它们的人来说，有时容易与另一种带斑点的南极海豹——威德尔海豹相混淆。

以前，我曾在描写早期南极探险的书中看到，探险队员们有时能猎捕到一种美丽的"银色海豹"。书中明确记录它们是锯齿海豹的一种，它们的皮毛最为珍贵，当探险队员猎捕到它们时，就会感到无比的兴奋。锯齿海豹一旦成年，它们就会换上一种带点橄榄绿色调的棕灰色毛皮，而银色海豹是早期探险者的夸张描述还是锯齿海豹另一毛色的变种呢？后来我发现，锯齿海豹的皮毛在不同光线、不同湿度、不同季节会呈现出不同的色彩。光线暗的时候毛色也会黯淡一些，刚出水的时候呈现出较深的橄榄色，寒季毛色相对暗一些，暖季一到就会亮起来，那时也是最漂亮的时节。我曾在距南极大陆不远的一处火山岛上见到有好几只海豹横七竖八地躺在海滩上休息，它们中绝大多数都是毛色斑驳的威德尔海豹，而这时我注意到有一只海豹颜色特别淡，显得与众不同，走过去看，原来是一只锯齿海豹肚皮朝天地躺在地上睡觉。也许是察觉到地面的震动，它从睡梦里醒来，睁开眼，不紧不慢地扭了下脖子想把身子翻转过来，胸脯上马上现出几道平滑完美的圆弧。这时，我注意到它全身都长满了紧密而齐整的短毛，更令人惊异的是，它浑身上下居然看不到一个伤疤和一处污渍，肚皮的毛色比较淡，近乎白色，两胁的毛色稍暗一些，也仅仅是淡淡的银灰色。最令人不可思议的是，背部和身上大部分毛发看起来居然是漂亮的米黄色，还泛着柔和的丝光，茸茸的，十分可爱动人。

好妆容

这是我见过的毛色和营养状况最好的一只海豹了。难道这就是传说中的"银色海豹"了吗？我好像离"真相"更近了。更不可思议的一天终于在 2016 年 11 月降临，那是在南极半岛附近的弗因港，22 日上午，我们迎来了一个无风少云的好天气，驾着小船在水面上缓缓搜寻可能观察到的动物。尽管戴着墨镜，依然感到太阳白得耀眼，天空蓝得令人目眩，羽绒服的表面甚至开始发热，这样难得的好天气，使人想伸个懒腰，放松一下身体，甚至找一处安静的地方睡个觉，想得都有些困意了。正当我困意袭来的时候，小船朝旁边一转，摆进一条狭窄的巷道，眼前出现了一座平顶而低矮的洁白冰块，上面居然躺着五六条鱼一样反光的东西，还微微蠕动。不可能是鱼，那当然是海豹！小船默默无声地靠了过去，

上左　"金色海豹"

上右　"银色海豹"

下　闪闪发光的海豹群

让我得以看清，是几头锯齿海豹。它们微闭着双眼，慵懒地在和暖的阳光下假寐，有时挠挠痒痒，有时睁开一只惺忪的睡眼，漫不经心地朝我们瞥上一眼，然后再闭上。它们的毛被晒得干爽而通透，每一根针毛都顺滑无比，每一根绒毛都蓬松起来，在晴空映衬下，呈现出耀眼的金属光泽，如同阳光下闪闪发光的银条。"银色海豹"就在眼前，原来它们既不是新种也不是变种，而是在特定光照条件下看到的毛色、营养状况都特别好的个体。

锯齿海豹喜欢追随着大块的海冰游泳，特别是隔年的海冰，有时也追随着冰山，因此它们特别爱在布满浮冰的峡湾、巷道中生活，并不需要开阔的水面。至于那些远游到非洲、南美洲去的锯齿海豹，都是些零散个体，推测是在冬季，浮冰区扩大后，追随着磷虾群去到那里的。因为在那些大冰块的下面，就是磷虾的食物——硅藻生长的温床，大量的磷虾会聚集在冰块底部取食硅藻。我们在南极半岛乘小船出海观察的时候，刚好遇到一群锯齿海豹围绕着一块冰山游弋，有时上浮，有时下潜。尽管那里的海水十分清澈，可以观察到水下十几米的情况，但这些大型动物上浮的时候搅起的大水花令水面久久不能平静。这时，我的搭档把一个加了防水罩的 GoPro 摄像机连同手柄一同伸到水下去，获得了一段宝贵的影像。原来它们下潜到冰山底部，环绕着冰山游泳，并不时将头伸入冰山与海底间的孔隙中，去寻找和捕食聚集其间的磷虾。这样的深度对于锯齿海豹来说，简直不值一提，即使冰山底部位于30米以下的深度，它们也可以毫不费力地到达。在冰块间捕食还有一个好处，就是遇到水中的天敌时，可以立刻爬到冰块上来躲避。锯齿海豹的体形在五种南极海豹中位列第三，它们的幼崽和青年个体，是 4 米开外的豹形海豹理想的猎杀对象，而无论幼体还是成体，都是 8 米长的虎鲸一顿可口的美餐。虎鲸虽然叫鲸，但实际上是一种个头太大的海豚，它们可没有抹香鲸动辄深潜一两个小时的本事，长时间闭气一般不超过 17 分钟，在快速行进和追捕猎物时，由于氧气的消耗量更大，每隔 3—4 分钟就要把头露出水面换一次气。在游泳方面，锯齿海豹堪称花样游泳健将，并且吃苦耐劳，有人以放置传感器的方式研究它们的行为，发现它们可持续狩猎 16 个小时，其间可潜水 140 多次；典型的猎食潜水时间约为 11 分钟，深度可达 30 多米。因此大面积的浮冰有助于锯齿海豹逃脱虎鲸的追捕，关键时刻可以往浮冰底下游，而虎鲸不敢贸然追赶。

在很长一段时间，虎鲸对锯齿海豹的捕猎，我总以为是偶然性的，因为我总觉得，虎鲸的数量终归有限，况且在茫茫的大海上，两者对峙的机会应该不多吧。之所以会有这样的感觉，是因为我那时接触到的南极工作，都是在西半球的南极半岛、南设得兰群岛完成的，遇见虎鲸的机会着实不多。这样的感觉伴随我很多年，直到我来到东半球的南极洲见到这样一幕"戏剧"，才知对于锯齿海豹来说，和死神擦肩而过，是多么稀松平常的事情。以下是我观察到的这出"戏"的剧本和剧照。

上演时间：2017 年 2 月底的一天
地点：麦克默多海峡浮冰边缘
出场人物：

大虎——虎鲸群首领
（带领手下若干）

小谢——青年锯齿海豹
（也叫食蟹海豹）

胖邻居——帝企鹅
（数量若干）

剧情：

宁静却不平静的麦克默
多湾浮冰边缘，红圈里的黑
点是主人公渔夫小谢。

小谢一大早从自己的冰床上醒来，他感到很饿，向浮冰边缘爬去，想下海去捞些吃的。

可是海岸线已经让恶霸大虎和他的爪牙们封锁了，他们在浮冰边缘往来巡回，伺机吃掉任何下水的活物。

小谢不怕，冲他们大喊大叫，大虎他们就是不走。（此时胖邻居在一边围观。）

趁大虎的队伍稍稍有些松懈，小谢一头钻进水里。（此时胖邻居还在一边围观。）

谁知刚一下海，大虎就带着他的弟兄们包抄过来。

吓得小谢一下子从水里钻出来，直挺挺地将自己撂在了冰上，总算是逃过一劫。

他趴在浮冰上喘气，已筋疲力尽。

等大虎的战队又散开了，他再次钻入水中。

大虎他们又包抄过来，水面上到处都是黑色的"三角帆"。

终于，"三角帆"向
另一段浮冰边缘游去了。

海面上恢复了平静，
小谢却很久没露出头来。

胖邻居们来到浮冰边
缘围观。

忽然，水面上活泼地翻
出一个光滑的脊背，是小谢！

今天，小谢逃过一劫，可明天呢？后天呢？
大虎他们夜以继日地在浮冰边缘巡游……

威德尔海豹

手机扫码
欣赏精彩视频

威德尔海豹

  威德尔海豹，从发现到命名，对它们来说，就是一场浩劫的开始。让它沦为倒霉蛋儿的原因，是由于发现它的人是个专注性很强、胃口很大的猎人。詹姆斯·威德尔，英国人，出生于 1787 年，9 岁时便离开家乡外出从事航海，很快练就了一套指挥舰艇的本事并借此当上了船长。威德尔脑筋活络，总是能够把握各种政治和商业机会，在英国皇家海军舰艇与商船之间不断"跳槽"。

  1819 年，英国的一艘渔猎船船长威廉·史密斯发现了南设得兰群岛，消息很快传到了英国，有经验的威德尔立即从这条情报中嗅到了商机。以他丰富的航海和地理学知识，他立刻预感到，这片位于南极圈以外的群岛距离南美洲很近，并且不太冷，更重要的是，南极海域那些多得令人难以想象的海豹会利用这些孤悬在海中的岛屿作"踏板"，在那里栖息和繁殖！他仿佛已经看到了无数张珍贵的毛皮在向自己招手。他立刻说服了一艘双桅帆船"简号"（Jane）的船主，让其委托自己指挥一支"海豹探险队"前往那里。果然不出所料，一到那儿，威德尔他们就看见海滩、沙嘴或者近岸的浮冰上，到处都是体形庞大的海豹，这些没见过人的动物根本不知道"这种用两条腿走路的家伙"能对自己干些什么。猎人们只要走到它们跟前，举枪朝脑袋一搂扳机，就可以现场拖尸或扒皮。威德尔抓紧一切时间大肆捕杀这些躺在地上的、比绵羊还要温驯的野兽。南设得兰群岛一时成了海豹的屠场，一场疯狂的猎杀运动就此拉开了序幕。

左 温顺的威德尔海豹

右 19世纪末20世纪初欧洲海豹猎人所使用的猎枪和刀具（摄于挪威特罗姆瑟极地博物馆）

犹如竞技比赛一般，大批的竞争者已经到场或者正在参赛的路上。无疑，威德尔最终成为本场比赛的赢家。当"简号"鼓胀着风帆返回英格兰的时候，在它的船舱里，已经装满了一摞摞滴着血水、尚未鞣制的海豹皮张，船主和威德尔发了大财！

这种走一趟就"暴富"的感觉实在是太好啦！第二年9月，船主令威德尔再度出发，这次给他装备了两条船，他带回的东西不仅仅有海豹皮，还有一些南极海豹的头骨（英国人有良好的博物学传统，这一点是应该

英国发行的邮票——
詹姆斯·威德尔和威
德尔海豹

绒毛厚实且花纹美丽的毛皮曾
这种动物带来一场无妄之灾

肯定的），他认为他所捕杀的一些海豹是旧大陆人从来没有见到过的。
这些头骨和皮张在英国的科研机构得到了鉴定，博物学家们发现，这些
海豹果然与人们熟知的物种不同，有些地方虽然与分布在地中海、加勒
比海和太平洋中的僧海豹有些相似，但实际上是个新种，这个物种最终
以杀死它们的猎人的名字命名为威德尔海豹。后来，威德尔又组织过一
次以猎杀海豹为目的的南极探险，当他再次来到熟悉的南设得兰群岛时，
发现那里已然建立起几十个猎人基地，海豹已所剩无几。显然，在这个"赛
季"中，已有不少竞争者捷足先登，并且大部分猎物已在此前的"赛季"
中被猎杀殆尽了。威德尔没有气馁，他选择向东南方向航行，以期找到
新的、可供海豹栖息的岛屿。然而这一次，幸运之神并没有再次眷顾他，
他在南大洋上航行了很多天，结果一无所获。1823 年 2 月 20 日，威德尔
抵达南纬 74° 15′，西经 34° 16′，这是以前从未有人抵达过的南向纬度，
他航行的这片海域后来也被命名为"威德尔海"。最终，他空着手回到
了英国，并于 11 年后在贫病交加中死去。

　　幸运的是，这样的大规模猎杀并没有持续太长时间，在冰海猎杀这
些体形不大并且栖息分散的猎物，其性价比显然不如体形更加庞大的资

一头浅色的威德尔海豹

源动物——鲸。更为重要的是，此后的政治环境和战争等因素令西半球南极探险的热度在 20 世纪初得到降温，而重新开启极地活动则是 20 世纪 50 年代以后的事了。在新时期，人类开始以一种新的、科学的态度来对待南极，科学考察取代了以掠夺殖民地和自然资源为主要目的的探险，对于南极海豹的商业猎杀行为，也在此时得到了禁止。大自然以其令人钦佩的修复力量令这些海豹的数量得到回升，近年来，威德尔海豹已恢复到 70 万头上下。目前，这些动物受到《南极条约》和《南极海豹保护公约》的庇护。

现在，每一位在夏季前往南极半岛的游客几乎都能在航程中见到威德尔海豹，尽管不如锯齿海豹那样到处都是，但像半月岛西海岸、乔治王岛的地理湾、南极半岛尼克港那些宽大而平坦的海滩上，一天中总会有几个小时能看见一两只或三五只这种圆头圆脑的家伙躺在那里，肆无忌惮地呼呼大睡。

与面相丑陋的锯齿海豹不同，威德尔海豹是五种南极海豹中长相最讨喜的一种，它的头是圆的，脸是圆的，眼睛也是圆圆的。它们的个头比锯齿海豹略大一号，体长约 3 米，重 300 千克，同样也是雌性略大于雄性。它们的毛色为黑灰色，背部略深，腹部略浅，体侧有近乎白色的斑块。其生活习性和繁殖习性也都与锯齿海豹差不多，雌海豹在 3—6 岁间开始交配产仔，雄性稍晚些。每年从 9 月开始，小海豹陆续在浮冰上降生，刚出生的小海豹体长 1.1—1.6 米，重约 27 千克，全身被洁净光滑的银灰色毛，圆脸大眼睛，极其可爱。它们是天生的游泳健将，2 周大的婴儿就能在妈妈的陪伴下到海里游泳，这是它们面对未来独立生活的第一课。7—8 周后，妈妈便不再喂奶，小海豹开始以捕鱼为业，独立生活，此时，它们的乳毛也陆续褪尽。

在位于东半球罗斯海的美国麦克默多站，我曾见过那里的科学家把水下相机安放在一头威德尔海豹头部拍下来的画面：威德尔海豹下潜到没有一丝光线的冰下深海，在那里捕捉南极鱼以及鱿鱼类的软体动物。很显然，它们在如此黑暗的环境中捕鱼并不依靠视力，并且在鱼到嘴边的时候，能恰到好处地张嘴将其叼住。多年的研究发现，威德尔海豹面部特别是鼻吻部的皮下有丰富而敏感的神经，这些神经与面部皮肤和纤细的胡须相连，胡须本身又是突入到水中的"传感器"末梢，当有动物从水中经过时，游泳的尾迹会留下小漩涡并以波的形式在水中传播并衰减，与胡须相连的神经对这些微小的干扰十分敏感，会将收集到的信息汇入大脑处理，以判断周围所遇动物的大小、方位、远近及行进速度，从而获知它们是猎物还是天敌。因此，南极大陆周边被浮冰所覆盖的广阔、幽暗的水下世界，成了威德尔海豹得天独厚的进食场。这样的环境也使它们进化成了潜泳健将，威德尔海豹日常捕鱼时可下潜至水深 150—250 米的地方，间隔 20—30 分钟才上来呼吸一次，而传感器发回的极端深度信息是 600 米，最长潜水时间为 73 分钟。在下潜时，它们心肺的代谢速度都慢了下来，心脏从每分钟跳动 55 次下降到 15 次。与其他脏器相比，大脑的耗氧量也很高，威德尔海豹的头颅与 3 米长的巨大身形相比，简直小得不像话，头颅的缩小也是为了适应在深水环境下生活而做出的牺牲。

1969 年 12 月 7 日 10 时 30 分（新西兰时间），放置在南极洲罗斯岛西侧麦克默多湾中的一台可供远程操作的水下摄像机记录了人类观

上左　圆锥形牙齿适合捕捉鱼类

上中　敏感的胡须

上右　老年海豹的胡须卷曲失去弹
性，捕食能力也趋于下降

下　威德尔海豹的"招牌"动作

察到的第一例也是至今唯一一例威德尔海豹交配的珍贵画面。起先只是观察到一只带崽的母海豹在水中嬉戏，当母海豹将幼崽带回至浮冰上时，一只公海豹出现了，它纠缠住母海豹示爱，并且游到其身后，用前肢夹住了母海豹的前肢，而母海豹此时也做好了交配的准备，母海豹弓着背，后肢伸开以方便公海豹阳具的进入。在这一过程中，母海豹两次从公海豹的怀抱中滑脱，于是公海豹一下咬住了母海豹脖子下面的皮肤，固定住自己和母海豹的体位，在接下来的 5 分钟里，它们顺利地进行了交配。令人惊愕的是，在整个交配过程中，公海豹始终保持着有节奏的骨盆推力，从其体侧皮肤的波动判断，这样的推进动作每分钟大约有 160 次之多。在整个交配过程中，这两只动物在摄像机前保持了相对稳定的位置。然而不久后，浮冰上的幼崽把头探进了冰洞，在距离这对情侣不到 5 米远的地方观察了大约 1 分钟，然后它进入水中并试图接近它的母亲。与此同时，母海豹发觉到了幼崽的靠近，立刻开始挣扎，这显然是想摆脱公海豹的控制。在一阵短暂而激烈的挣扎后，母海豹成功了，并立即回到了幼崽的身边，而此时，公海豹翻滚着身体从监视器视野里消失，并再也没有回到画面中来。在美国麦克默多站做研究的克莱恩和辛尼夫以学术论文的形式记录了这一过程，并发表在1971年出版的《哺乳动物学杂志》上。

通过以上有关威德尔海豹的观察报告可以看出，目前我们对这种动物的了解还只是停留于表面的行为学研究上，观察资料少而局限。有限的研究资料主要来源于美国、新西兰、澳大利亚等国家的科学家，观察地点多集中在东半球南极洲，以罗斯海为中心，似乎在那里，这种海豹的数量更多一些。我自己的感觉也是这样的。以前，我在西半球的南极半岛和南设得兰群岛几个观察点工作时，往往要花费大量宝贵的时间用来寻找这种动物，冲锋舟穿过那些漂满浮冰的海湾，有时能够找到一两只，而找到它们并且安顿下来观察的结果，往往是再花费大量的时间等待它们"起床"。这些懒家伙在浮冰或岸上的大部分时间几乎都用来睡觉。如果你想给它拍一张睁开眼的生活照，起码要等上半天，待它慢吞吞地睁开眼皮，往往也只是用它那短小的前肢搔一搔腋窝或肚皮。

我是于2017年初抵达罗斯海沿岸的，起初的几天，通过望远镜在浮冰群上搜寻海豹，与在南极半岛的观察结果差不多，以锯齿海豹为主，偶能看到一两只威德尔海豹且距离很远，因为这种动物是独居的，聚群的情况只能发生在食物和栖息条件都非常适合的地方。观察大群的威德尔海豹在同一处海岸栖息的情景是在富兰克林岛。那里是一个远离陆地的岛屿，距离最近的海岛118千米、最近的南极大陆海岸148千米，由火山喷发形成，南部发育了一片很宽敞的沙滩。我们的船泊在离岛不远的锚地，拿望远镜远远望去，至少有50头海豹躺在海滩上。好在四周并没有浮冰封锁海岸，我们很快得到机会乘坐冲锋舟从一处平缓的沙滩登陆。果然，不同于南极半岛的观察体验，这里的海豹都很精神，人走过来，会仰起头、翘起脚，做成一只"香蕉船"的样子起来打招呼，它们其实是在观察你。

　　在近岸的浅水中，还有几只海豹嬉戏，不时传来"耶——耶——"的呼唤声。威德尔海豹的叫声系统很复杂，在水中和在空气中所使用的发声器官和呈现的声音都不同。海滩上的海豹种类仍旧以威德尔海豹和锯齿海豹居多，但两者并不混群，在靠近沙滩边缘的地方，几乎全是威德尔海豹，而远离海浪、平坦而松软的沙滩地，则被锯齿海豹所占据。这种势力范围的划分依据很好解释，因为威德尔海豹的身躯肥胖而庞大，它们的前肢相对短小，并不适合它们在陆地上长距离爬行，这一点就不如身材修长略显纤细的锯齿海豹，锯齿海豹是南极洲爬行速度最快的海豹。而实际上，威德尔海豹对在陆地上的栖息条件的确要求不高，只要近水便好。我曾在别处看到过有的威德尔海豹躺在被潮水往来侵袭、潮湿且并不舒服的大鹅卵石滩上，有的躺在头低脚高的坡地上，依然能够酣然入眠。关于威德尔海豹特别爱睡觉的习惯我没有在中外文献中查到其原因，可能这种事"太不值一提"了，但去过南极的游客常常问我这个问题，我想这应该与它们长期在水下生活，脏器经常处于缺氧状态有关，睡眠对它们来说，除了有助于转化和储备脂肪外，可能也是治疗因缺氧导致这些脏器损伤的最好方式吧。

由于可以在冰下相对较长时间潜水，从而躲避冰面上严酷的极地恶劣天气，威德尔海豹是目前已探明确实可以在南极洲近岸海域越冬的大型哺乳动物。当漫长而黑暗的极夜降临在南极洲时，沿海地区的平均气温可降至 -30℃以下，并经常伴有暴风雪，大部分时间威德尔海豹均会待在冰下的水中，而在冰面上仅留一个呼吸孔。威德尔海豹个个都是在冰面上钻孔的行家，它在水下游泳的时候，自己的专属冰窟窿一旦被冻住，那它就要仰着脑袋，用牙齿将厚而坚硬的冰层啃出一个洞来，如果冰层过厚，海豹在屏气的最后一刻仍然没有打开冰层的话，就会被活活憋死。因此，这个冰窟窿就是它的生命线，要时刻保持冰窟窿不被冻住。它会不时从这个孔洞中出入，并且经常用嘴拂去洞壁上刚刚结成的冰凌，如果冰凌比较结实的话，仍旧要用牙啃，这项艰巨的工作经常会弄得它满嘴鲜血淋漓。可这还不是最严重的。啃冰对牙齿的伤害极大，作为重要捕食"工具"，牙齿一旦被磨平、磨短，捕食便会非常困难，而得不到充足食物的动物在南极这样的地方很难生存，因此本来可以活到20岁的威德尔海豹，其实际平均年龄一般仅为8—10岁，有相当多的海豹活不过5岁。

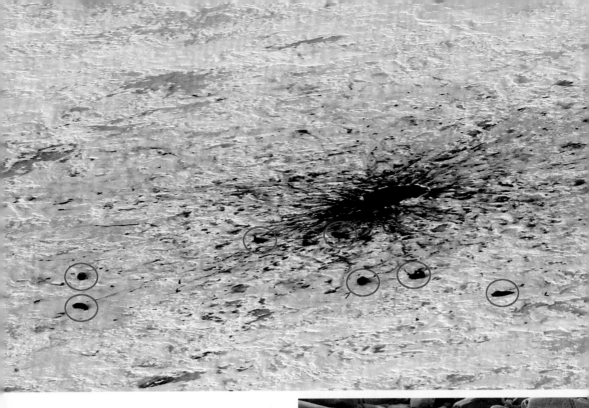

上 在大面积的浮冰区，威德尔海豹的夏季呼吸孔很大（黑色区域），往往几只海豹共用一个，红圈中的黑点就是躺在冰面上休息的威德尔海豹

中 在乱石滩上头低脚高睡觉的海豹

下 在富兰克林岛上，一只威德尔海豹蠕动着庞大的身躯爬过来看我

豹形海豹

豹形海豹，用一个互联网新词——"又凶又萌"来形容最合适不过。初见它的时候，是在南设得兰群岛，一大群白眉企鹅在水里游泳，水面上一个个跳跃的身影向着同一个方向移动，如同飞鱼群般好看，忽然，阵列变得无序，企鹅四散奔逃，水里猛地冒上一个黑乎乎的大脑袋，好大啊，它瞪着大眼

手机扫码
欣赏精彩视频

睛，髭着大胡子，傻愣愣地待在那里，扭头朝四下里望。企鹅这下肯定是被自己给追丢了，它一时间不知所措，但一下又瞥见了小艇上面的我，毫不犹豫地张开血盆大口，露出粉红色的大舌头和米黄色如弯刀般的尖牙，无声地朝我"凶"了一下，一个猛子，反身又扎回水里去了。

豹形海豹有时也被称作"豹海豹"或"豹斑海豹"，是一种身形敏捷如豹，并且身上长有如同豹斑样黑色斑点的海豹。这些黑色的斑点多呈现在下颌至腹部较浅的毛皮上，它背部的毛皮是青黑色的，靠近身体后侧的部分有灰白色的斑纹。

它们是一种大型海豹，体长可达4米，重300—500千克。如果仔细观察，你会在它们身上找到地球上所有海豹都不具备的东西——"脖子"。注意：这个"脖子"可不仅仅是指颈椎外面的那一圈肉，那个海豹都有，我所说的"脖子"是指脑袋与躯干之间忽然纤细下来的"美颈"！众所周知，海豹是向水中进化的一支兽类，为了适应在水中生活，它们舍弃了很多东西，例如分开的脚趾、胳膊和大长腿……当然还有细长的脖子，它们尽可能把

自己塑造成鱼那样的流线形，以减小在水中运动时的阻力。当然，豹形海豹所谓的"美颈"，其实既不太长，也不太细，只是它的头颅十分巨大，肩部又高高耸起，因此脖子略显细长，这就可以使它们在水下灵活地扭动身体，对抓捕机智灵敏的大型哺乳动物（如比它个头小的其他海豹）来说，可以做到出其不意攻其不备。说它头颅巨大，是因为它虽然没有隆起的前额，却有宽大粗壮的上下颚，以及一个亮光光的大后脑勺，这样的结构可制造出强大的咬合力，能毫不费力地咬碎其他海豹的头骨。

豹形海豹也是浮冰上生活的物种，要想观察它，最好是在初夏季节，大面积浮冰尚未融化干净的时候，在纬度较低的南极半岛北侧比较容易看到。如果是1月底或2月份大部分浮冰都已融化殆尽，则可以选择在罗斯冰架前缘高纬度的浮冰上观察。

上左 大后脑勺

上右 豹形海豹是有"脖子"的海豹

下 它们在浮冰上爬行时，常常不使用前肢，而以一种蜿蜒蛇行的方式，扭曲着移动身体

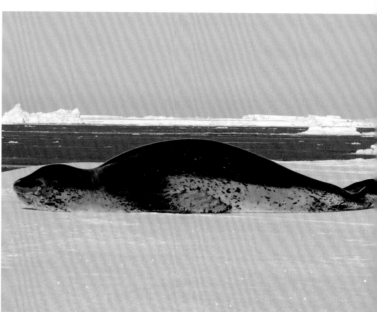

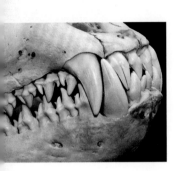

　　待在浮冰上的好处就是可以随时钻入水中捕食，尽管它们以捕捉各种企鹅和比它体形小的海豹著称，但其实它们的食谱很宽，除了企鹅与海豹，磷虾、南极鱼、乌贼、章鱼、鱿鱼、落入水中的飞鸟、鲸或别的动物尸体也都被它们视作美味佳肴，绝不挑食。

　　豹形海豹的其他生活习性和繁殖方式与锯齿海豹相似，也是雌兽先在浮冰上生下孩子，哺育至幼崽独立生活后，再发情、交配，而雄兽只负责交配。

左　　看一看这下面有没有好
　　　吃的

右　　罗斯海浮冰上的豹形海
　　　豹粪便中有大量的阿德
　　　利企鹅羽毛

南象海豹

南象海豹也是可以在环南极洲海区见到的海豹物种之一，它们的体形是所有海豹中最大的，也是现存最大的非鲸类海洋哺乳动物。雄性南象海豹体长可达 6.5 米，重达 4 吨，雌性较小，但也能长到 3.5 米、1 吨重。它们可潜至上千米的深海，喜欢捕食生活在黑暗中的乌贼、章鱼这类头足纲软体动物，当然也吃鱼。成年公海豹的长相奇特，脸前长着一个弹性十足、能伸缩鼓胀的大葫芦鼻子。鼻子塌瘪的时候有点像公鸡的冠子，

乔治王岛的一群南象海豹

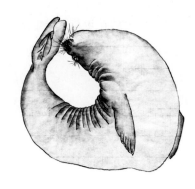

左　雄性南象海豹

右　雌性南象海豹

在脸前嘟噜着，一旦到了求偶期，它们就会把大鼻子鼓胀到平时的两三倍，形成大共鸣腔，可将吼声放得很大，借以宣示自己的领地。它们最好的领地位于离潮线最近的沙滩上，因为在那里产仔和等待交配的母海豹最多。母海豹和年轻个体的雄性体毛本身都是银灰色的，但公海豹一般会显得很脏，尤其是它们到了"中年发福"的时候，便呈现出污秽不堪的黄褐色来，还有很多深邃的皮褶，它们宽大的前胸会布满伤疤，那是它们历年繁殖季在维护自己领地时，被竞争者用巨大犬齿留下的咬痕。

　　南极半岛及周边的南象海豹繁殖地均小而分散，例如南设得兰群岛几个小的港湾，南极半岛上少一些。我所知的相关信息仅限于它们每年初夏会在乔治王岛西侧法尔兹半岛（菲尔德斯半岛）的地理湾形成一个繁殖群，并且于每年1月末开始褪毛，仅此而已。为何我的这条观察记录如此简单？其原因是这条记录是我在结束第一次南极之行后回到家"观察"到的。2012年2月2日那天，地质学家丁林先生和我曾带一个小组在法尔兹半岛（菲尔德斯半岛）考察一处中生代地层露头，收工之后到地理湾观察那里的海蚀地貌，并拍了一些地貌和零星的海兽照片，从此就没放在心上。回到家后，我开始检视我的这些照片，在一张地理湾全景的照片中，我发现很远的一堵海蚀崖下方有一堆像烤白薯样的东西，放大一看，原来是一群聚在一起的南象海豹，我此前总认为自己从没有见过这种动物。今天，我已走过东、西两个半球的南极洲，仍然没有仔细观察过这些动物，这不是因为我观察的地点少，而是受研究区域所限。我的研究区域在更靠南方的陆地和海洋，错过了南象海豹的集中分布区，虽然它们可能偶尔会在偏南一些的南极大陆某处上岸休息，甚至形成规模不大的繁殖群，但它们大量聚集的地区还是南极洲以外的亚南极海域岛屿。如果你真是特别喜欢观察这种大块头的巨兽，可以购买一张10月初开往南乔治亚岛的邮轮船票，当然，也可以购买11月初"马尔维纳斯群岛（福克兰群岛）—南乔治亚岛—南极半岛"（一般称作"南极三岛"游，南极邮轮从11月初开始运营）的邮轮船票，那时你会在马尔维纳斯群岛（福克兰群岛）和南乔治亚岛的几处海滩登陆，就可以很轻松地观察到正处在繁殖期的南象海豹群了。总之，有关南象海豹的记录和故事，可以参考在亚南极地区做科研的科学家著作或上网搜索相关信息，我的考察记录中就不再出现那些"剪刀＋糨糊"拼凑出的资料汇编了。

检视照片也是"再发现"的过程。在一些"特征不明显"的动物照片中我辨认出了南象海豹。在入睡前，它喜欢在沙滩上先推一个浅坑当床，它庞大的体形与不远处的南极海狗形成鲜明的对比

上　　当它伸懒腰的时候，可以看到成片脱落
　　　的旧皮（它的身后是一只威德尔海豹）

下　　一只海滩上趴卧的雌性南象海豹，可见
　　　其背侧面毛皮

罗斯海豹

邮票中的罗斯海豹和它的发现者詹姆斯·克拉克·罗斯

关于罗斯海豹这种珍稀南极动物，我在历次对南极洲的考察中均没有见到过，只知道它们是南极非鲸目海兽中数量最少的。罗斯海豹的发现时间最晚，是由罗斯船长指挥的英国探险队于1839年在位于南纬68°、东经176°附近的浮冰上发现的。在五种南极海豹中，属它的体形最小，且最为羞涩和胆小。它的眼睛大大的，宽脸，短嘴，短脖子，脖颈下有深色纵纹，一副傻乎乎的样子。从所捕获或测量过的成年个体看，它们体长1.68—2.09米，重129—216千克。它们有小型圆锥形牙齿，可以猎捕到稍大一点的鱿鱼等头足类软体动物，食物中鱼和磷虾的比例相对较小，由此可知它们能够潜入深一些的黑暗水层。它们是全南极洲最难观察及研究的浮冰海豹，目前人类对它们的数量、生活习性、行为等信息知之甚少，每年只有少量它们在浮冰上休息的目击报道，而有限的

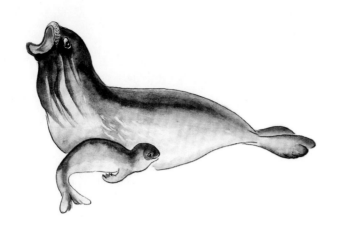

罗斯海豹

关于它们生活习性的描述和一些诸如发情时间、孕期、哺乳期等科学数据，有的是根据近似物种并综合分布地区的气候条件比较或估算出来的，有的则是猜想。尤其是重要的繁殖行为，目前比较可靠的观察报道仅限于它们的幼崽会于每年11月在浮冰上出生。这一神秘物种之所以难以观察，一是它们的数量太少并且营独居生活，活动范围广（环南极洲分布）且几乎从未离开过南极洲沿岸的浮冰，很少会爬到岸上来，因此即便是死亡后的尸体，也会很快沉入大海；二是它们比其他南极海豹分布的纬度更高，那里太过偏远，到处是隔年的海冰，只有大型破冰船才能往来其间，并且狭窄的冰间隙内不能放入冲锋舟或其他小型船舶，乘坐破冰船那样的庞然大物当然是很难近距离观察野生动物的。加之那里的气候也十分恶劣，科研人员很难在极其有限的"天气窗口期"内长期观察它们。因此，长期以来，它们被动物学家们称为"最不为人知"的鳍脚类动物。有人曾在南极洲以外的亚南极岛屿见到过活的罗斯海豹，我相信那只是偶尔随海流或鱼群漂流太远的迷途者。因为没见过，因此不能提供照片，依据以往的资料，我为它描绘了水墨画，我是多么希望本书今后的版本中能出现这种动物的照片和我对这种动物的观察描述啊！

南极海狗

我在南极洲经历的唯一一次被野生动物攻击的记录来自南极海狗。这缘于一个不应有的疏忽，特赘述于此，希望你能以我为鉴，在面对野生动物时不要犯相同的错误。我在本书姊妹篇《斯瓦尔巴密码：段煦北极博物笔记》中曾说，我对野生动物的观察学习来自早年对动物园或其他动物饲养机构所豢养的动物进行的观察，在那时曾反复背诵过一条"金科玉律"：千万不要背对着你的观察对象，尤其是食肉动物。

3月的一天，我在南极半岛北侧埃特绍群岛（Aitcho Islands）的一个小岛上观察两只正在嬉戏的青年南极海狗，这样的打闹并非重要的观察内容，此时繁殖季已过（繁殖季是从每年11月至次年1月），仅仅坐在离它们有5米远的海滩上对它们的"社交行为"作一般性观察。30分钟后，我起身倒退，准备后撤。此时，我听到身后有同伴叫我，我扭头回望，并没有听清他在说些什么，我又后退几步开始和他讲话，而此时仍然没有听清，便转过身去问，正当此时，忽听同伴大喊："快跑！"我似乎立刻明白了什么，撒腿便朝山坡上跑去，十几步以后，我停住脚回头看，稍大一点的南极海狗正在不远处喘着粗气看着我，它顿了一顿，无可奈何地掉头找它的同伴去了。我的同伴跑过来告诉我：幸亏您跑得及时，刚才差那么一丁点，它就咬到您的屁股了。

手机扫码
欣赏精彩视频

上左 南极海狗还有个名字叫"南极毛皮海狮"，一听就是猎人起的，在冷水中赖以生存的厚厚皮毛成了它们遭受灾难的缘由

上右 它们有柔韧的身体

中 南极海狗

下 仅仅从距离它很远的前方经过也会追过来咬我

南极海狗，属食肉目海狮科，身长可长到2米，体重250千克，追逐我的年轻个体，目测体长超过1.5米，体重超过150千克。较之只会凭借两只短小前鳍拖着笨重身躯在地上蠕动的海豹科动物，这个科的成员全部都是短跑健将。它们是一类前肢长、后肢没有并拢成鱼鳍状的海兽，能以前肢和后肢配合起来在地面上跑，并且还能做出四肢腾空的飞奔动作来，几乎能赶上成年人的奔跑速度。重要的是，它们都长着巨大的犬齿，一旦被其咬住皮肉，来自上下腭强大的咬合力是人的力量所不能掰开的，并且它们会扭动肌肉强健的脖子把肉从身上撕扯下来。最可怕的是，这种动物的口腔内生活着数以万计的有害细菌，咬伤后的创口感染可能会导致可怕的败血症，这在交通极不方便的南极洲来说，是能时刻要人性命的事情。每当想到这里，我就从脖梗子里冒凉气。

现在回想起来，我第一次见到南极海狗是2012年2月在南极半岛北侧的欺骗岛，那是一个位于大海中央的火山岛。那天我正在海滩上一边走，一边寻思如何能爬上旁边的悬崖去找南极鸬鹚的巢，忽然远处负责

奔跑中的南极海狗

Odyssey on Ice　冰洲上的游戏　　　　　　段煦南极博物笔记

上左 冲我龇牙的南极海狗，注意海狮科的动物都保留了小小的耳壳，而海豹、海象只有耳孔

上右 正值壮年的雌性海狗

下 一只鬃鬣丰厚的壮年公海狗

安保的探险队员劳拉一边朝我打着手势，一边喊叫，海浪的翻滚声令我根本听不到她在喊啥，但我明白她的手势是让我立即止步。我马上并拢脚，傻呆呆地戳在那儿，一脸懵地望着四下，我以为我脚下的火山口要爆发了。忽然，我真的感到了脚下的沙滩在震抖，然后在我正前方不到2米远的地方，呼哧呼哧地跑过去两大坨不断震颤的肉，它们看也不看我一眼，一头扎进我身边的海水里，头也不回地游走了。我定了定神，努力地回想刚刚看到的到底是什么。过后，劳拉告诉我：有两只成年雄海狗从山坡上一路追逐着冲下来了，就在我的右前方，而我的同一方向有视觉死角。哦，雄海狗？体长可接近2米，体重能达到200千克以上，这要是撞在身上……

第二次见到南极海狗是在乔治王岛的一处海滨。我看到远处有一只黑色的、狗熊一样毛乎乎的大家伙从水里冒了出来，挺胸抬头大摇大摆地走路，原来那是一只毛色、营养状况都堪称完美的雄性个体。它长长的白色胡须直戳到胸口，分布在颈部和胸前的长鬃毛被海水梳理成一根根粗壮的尖刺。它摇摇头甩出一片美丽的水花，又用后肢搔了搔后脑勺、脖子和腰，鬃毛连同全身的皮毛渐渐蓬松起来，犹如一头雄健的狮子。而此时，一只刚刚断奶的小海狗来到我的脚下，好奇地想要过来贴我的裤腿。

　　以上情形都是偶遇到的，实际上，我对这种动物作较为完整的生态观察是在南极半岛南部的加林德斯岛及其近海。在乌克兰考察站旁边的

上　　稚气未脱的小雌海狗

下左　"趾高气扬"与"垂头丧气"

下右　独霸山冈

一处海湾，南极海狗占据了海湾的两岸，三个一群五个一伙儿地坐在石滩上休息。说它们"坐"在地上，是因为它们可以用前肢撑住地面，挺胸抬头地将身体"坐"在后肢上，因此它们的视野要比海豹广，由于肢体强劲有力，它们还可以跑到视野更好的高冈上去。

距海边不远，海拔十几米高的山头是这一带最佳的瞭望点，只有小群体中的最强者才能占据。鬃毛丰厚的大公海狗看到另一只身形较小的雄性从山坡爬上来，会立刻喘着粗气跑下来驱赶，较小的雄性在象征性地招架几个回合过后，便忙不迭地败下阵来。

这与繁殖期的领地需求截然相反。繁殖期最为紧俏的地皮位于靠近水域但高于水位线的海滩，那里会成为众多雌海狗的产房，当雌海狗产下小崽后，在哺乳期内便可与雄性交配，占据离水域近的海滩便能得到更多的妻妾。就目前的状况来看，即使不是在繁殖期，公海狗的领地意识依然很强。在同一地点以西漂满浮冰的海面上，南极海狗往来穿梭，

几只在水面上嬉戏的南极海狗

上　在浮冰上休憩的南极海狗

下　营养状况良好的青年雄性南极海狗

时而跃出水面，那里是它们的捕食场，但跃出水面并不是为了捕食，而是它们的行进方式。南极海狗捕食的猎物是磷虾、小鱼和头足纲软体动物，有时它们也会捕食白眉企鹅等大一些的鸟。

南极海狗是往来于南极和亚南极海区的动物，它们的主要繁殖地在亚南极海域的南乔治亚岛和南桑威奇群岛，它们的栖息地似乎以美洲大陆南部为中心，向南极半岛北部扩散，更加靠近赤道的巴西海岸和智利的胡安·费尔南德斯群岛（南纬33°附近）也都发现了它们的踪迹。其分布的水域位于人类活动区和南极保育区之间，它们是活的环境状况"指示剂"，目前在它们体内正越来越多地发现大量异常存在的有毒金属，其来源和今后的影响如何，尚不确定。

虎鲸

夏日的极昼，总是伴随着黄昏和落日的来临而匆匆收场。2月末的那几天，如果赶上好天气，大约从每晚8点钟开始，能看到夕阳慢慢接近横贯南极山脉那覆满积雪的山脊，熹微的余晖犹如撒向大地的金色纱衣，把罗斯海里的一切，都笼罩在一片暖色之中。海水、冰山、浮冰、积雪乃至伫立的帝企鹅和它们安静的倒影，看起来都是暖融融的。不一会儿，玫瑰色的晚霞也在天边燃烧起来，一时间，金色、橙黄、嫣红、浅粉与淡紫的光晕

手机扫码
欣赏精彩视频

罗斯海深夜暖色调的冰山与冰海中游弋的虎鲸

上　美轮美奂的霞光

下　浮光鲸影

Odyssey
on
Ice　冰洲上的游戏　　　　　　　　　段煦南极博物笔记

在天海之间交相辉映。我立在船头，俯瞰冰海中出没的那些黑色"三角帆"，它们都是虎鲸的背鳍。光滑闪亮的鲸头从水中缓缓抬起，"噗——"的一声，悠长地喷汽，一道水柱斜刺入空中，被微风吹散，化作一片彩色的雾，鲸头入水，"三角帆"在空中划过一条完美的弧线，没入绛紫色如绸缎般柔滑的水中，水面上留下两股长长的波线，不一会儿，在前方不远的海面，鲸头再次浮出……

抗冰船沿着南极洲夏季海冰的边界，在60多千米宽的麦克默多海峡中横渡，船开得很慢，感谢船长让我们观赏这难得一见的"好戏"。在

上左 夕阳下彩色的汽雾

上右 虎鲸喷出的汽柱是倾斜的，并且比须鲸的矮、粗

下 几只帝企鹅看着眼前经过的虎鲸

浮冰的边缘，百余头虎鲸沿着冰缘线往来巡游，此起彼伏的"三角帆"始终不离视野，伴随着大船寂寞宁静地航行，仿佛在上演一出美轮美奂的水上芭蕾舞剧。美好的时间总是飞逝而过，10点钟的时候，黄昏的舞台终于交给了夜幕，当天空再次恢复到阴暗，冰海依旧呈现出苍茫的时候，演员们看不到了，温度也迅速降到−15℃，呼啸的寒风再次占据了舞台，今晚的演出结束了。

我回到船舱，开始在屏幕前检视刚刚拍摄到的虎鲸照片，在图像处理软件的帮助下，虎鲸身上那些熹微的余晖不见了，随着亮度–对比度光条的挪动，这些逆光环境下拍摄的低调照

上左　反光的背鳍

上右　它们喜欢结成小群在一起游弋

下　图像处理软件可以帮助辨认物种

沿浮冰边缘游弋的虎鲸

片开始高调地显露出动物本来的某些细节。我发现，今天出现的这群虎鲸与一周前在特拉诺瓦湾以北拍摄到的虎鲸不一样，这是意料到的，因为在甲板上看到它们时，尽管没有参照物，但感觉这里的虎鲸，似乎比以前看到的个头小。

虎鲸一直是人们喜爱的动物。它的配色方案是黑白分明的，即黑头、黑尾、黑背脊，配白下巴、白腰、白肚皮，它的眼睛很小，却偏偏在眼睛的后上方长了一个椭圆形的大白斑，再加上光滑锃亮的厚皮与胖乎乎、圆滚滚的身材，像极了一条超大号的塑料海豚玩具。实际上，它也真是一条大海豚呢，因为它属于齿鲸亚目、海豚科、虎鲸属，并且是海豚科家族中体形最大的成员，有记录的最大雄性个体已接近10米，重达9吨。虎鲸属下面只有虎鲸这一个物种，而全球海洋中却分布着体形大小、斑纹样貌、捕食习惯、活动范围都有很大差别的虎鲸群体，由于目前人类对于它们的认知还非常浅薄，并不能十分明确地弄明白这些差别是否足以将其分成更多的亚种或种，因此就依据它们所生活的地区和状态，大致划分成10个生态型。这其中，有3个生态型生活在太平洋，2个生活在大西洋，剩下5个都生活在南极洲附近的高纬度海区。值得注意的是，这些生态型所分布的海域，有不少是重叠的，因此并不能排除不同生态型个体之间繁殖后代的事，毕竟它们是同属动物。而所谓的捕食习惯差异一说，由于鲸目动物的跟踪观察本来就十分困难，科学家要想获取确切的捕食目击记录，其概率微乎其微，仅仅靠有限的几次观察记录就判断其吃什么不吃什么，显然也是不够严谨而客观的。尽管目前这些生态型的划分还有很大争议和不全面，一些分布相对独立、捕食习惯迥异的种群类型还没有囊括进去，但不少人认为，这样的分型至少为今后弄清它们的分类地位踏出了第一步。

目前，在南半球中高纬海域游弋的虎鲸有 A、B1、B2、C、D 五个生态型。A 型虎鲸体形最大，可长到 9 米，能倚仗体形优势捕杀大型猎物（例如小须鲸），它们的分布偏北一些，是一种温带虎鲸，很少进入南极冷水。B 型和 C 型虎鲸是典型的南极动物，它们的个子比 A 型小得多，由于长期在浮游生物高度密集的冰海生活，这些虎鲸的皮肤表面附着了一层黄色的硅藻，这使得它们身上白色的部分看起来是米黄色的。B1 型也叫"浮冰型虎鲸"（B-Pack ice），以常常出没于浮冰区得名，体形较大，西方学者曾观察到它们成群结队地制造浪涌，将趴在浮冰表面休息的海豹赶入水中扑杀的行为，因此它们被认为以威德尔海豹、锯齿海豹或南极海狗这一体形的海兽为食。相信不少读者可能已经看过了英国广播公司（BBC）纪录片中拍摄的相关镜头，并留下了深刻印象。B2 型也叫"杰拉许型虎鲸"（B-Gerlache），以常出没于南极半岛附近的杰拉许海峡（Gerlache Strait）得名，体形较小，因曾被观察到捕食企鹅，被认为以企鹅，特别是中小型企鹅为食。B 型虎鲸的大致分布范围居于 A 型与 C 型之间，夏季出没于极圈两侧，也能到达更南的纬度。C 型虎鲸的体形在所有虎鲸中最小，成年雄性也只有 6 米长，被认为以捕食南极鱼为主，它们分布的位置最靠南，大量出现在南纬 78° 罗斯冰架的前缘。D 型虎鲸的外形差别最大，前额高凸成球状，有点像"巨头鲸"（短肢领航鲸），目前还没有关于这种动物确切的捕食记录报道，严格意义来讲，D 型虎鲸是一种亚南极类群，它们的发现缘于一次在新西兰的大规模搁浅事件，

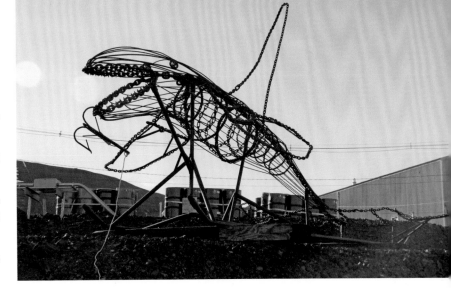

上左 雄性虎鲸背鳍的后缘是直的，鳍尖高高耸起

上右 雌性虎鲸的背鳍弯曲如一弯新月

中 A 型虎鲸的猎物——游弋在南极洲北部海域里的小须鲸

下 美国麦克默多南极科考站的虎鲸雕塑

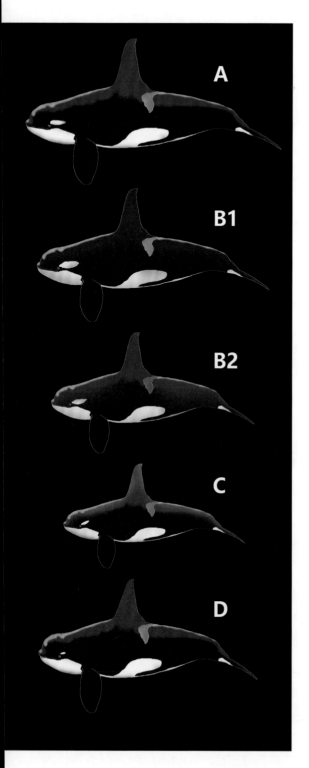

南极虎鲸生态型

人们只是猜测它们偶尔会进入南极海域。

要想在野外分辨出这些不同生态型的虎鲸，倒也不难，但要把握要领。总体来讲，虎鲸是一个物种，每个生态型之间只是有细微差别。掌握不同生态型的出没规律和分布范围是大致将这些动物类型分开的第一步，但是野生动物的活动并没有特别严格的规律，不同生态型的分布区域间又常有交叉，就需要进一步的观察。虽然个头大小是一个重要的鉴别依据，但在茫茫大海中，你并不能随时找到一个参照物作为标尺来判断它们的大小，因此只能靠其他细微特征来鉴别。例如，虎鲸眼睛后上方那个椭圆形的大白斑（眼斑）就是很好的鉴别依据，至少在南极地区是这样的。A型虎鲸的眼斑纯白色，大而长、直，与唇线平行。B型的眼斑与A型相似，大且与唇线平行，只是略宽一些，这个特征不

B 型虎鲸　　　　　　　　　　　　　C 型虎鲸

太容易分辨，好在 B 型的眼斑几乎都是米黄色或黄褐色的。仅仅依靠形态学特征在 B 型中区分到底是"浮冰型"还是"杰拉许型"，几乎是件不可能完成的事，在这两者之间只能靠分布位置和捕食行为来区别了。C 型的眼斑形状相对容易鉴别，它的眼斑细而长，与唇线呈 45° 角向后上方扬起，泛黄的迹象明显。D 型的眼斑最为细小，与唇线平行，如一根短棒，它的体色也是黑白分明的。

　　图片处理结果出来了，眼斑向后上方挑起，原来今天所见到的属 C 型，而几天前在特拉诺瓦湾北侧观察到的虎鲸眼斑为米黄色，与唇线平行，属 B 型。

　　第二天清晨，我起了个大早，抗冰船已在浮冰边缘稳稳停住，这里已经到达"地球航海的最南极"——南纬 78° 罗斯冰架前缘出露的水域，真幸运，仍旧是好天气，天空蓝蓝的，飘着长长的白云，海面平静得如同镜面。浮冰的另一侧仍旧是同样宽广的、白色的、冻结的大海，上面覆盖着积雪，靠近冰缘的地方，趴着几只锯齿海豹、几只威德尔海豹、几只帝企鹅、几只阿德利企鹅。我们熟悉的那些黑色"三角帆"，仍旧沿着冰缘畅然游弋着。现在的光线很好，我通过望远镜和照相机的长焦镜头想努力看清它们，特别是眼后的那颗大白斑。通过一上午的观察，这些游弋于浮冰前缘的虎鲸，以 C 型为主要类群，也有 B 型，甚至还有眼斑介于两者之间的"疑似中间型"。眼前无论 B 型、C 型，显然都对浮冰上的海豹或企鹅感兴趣，围绕着有这些动物的冰块往来巡回，久久

不肯离去，似乎在等待下手的机会，不过，所谓"吃鱼"的 C 型虎鲸在
水面上"盯梢"的时间显然比它们潜入水下的时间长，而一向被认为是
它们食物的南极鱼几乎都生活在深水。

从动物解剖学的角度看，海豚科动物的大脑沟回十分复杂，它们有
很强的记忆和学习能力，是智商很高的动物之一。刻板的捕食行为和只
吃同一类食物显然不是这些高智商动物所为，有条件的话，谁不想时常

调换口味呢？几乎所有的食肉动物都是"机会主义者"，无论鱼、鸟、兽，只要是能到手的肉食，都是可以生吞活剥下肚的。在南极生活本就不易，如果再挑食的话，那简直是"大逆不道"！因此我觉得，像虎鲸这么聪明的家伙，如果只吃一类食物，无论从口味上，还是从遇到猎物的概率上来讲，那都是极不划算的。"有啥吃啥""逮到啥吃啥"和"时不时地改善下伙食，调换下口味也是不错的选择"才是食肉动物吃饭的本来风格。同一种动物，拥有同样的捕食和游泳器官，被硬生生地划分成吃企鹅的、吃海豹的、吃鱼的，彼此间不越雷池半步；以及把同一种生活在同一片海域里的高智商动物，想象成一个个壁垒森严的独立类群，彼此间缺乏相互交流……这些想法，显然违背了食肉动物的生存常理。至于这些虎鲸之间为何存在那样多形态细节上的差异，由于我手头掌握的资料也不比其他观察者多，目前也没有得出相对成熟的结论，而所谓"生态型"的定义——"本是指同一物种的不同类群长期生活在不同生态环境产生趋异适应，成为遗传上有差异的、适应不同生态环境的类群"显然不太适合南极的这群虎鲸。

罗斯海的虎鲸喜欢在水面上仰面朝天地用尾鳍击水，这种行为从清晨到傍晚都有发生，目前对发生这种行为的原因说法不一。我认为，击水能在水中产生更强烈、传播得更远的水波，附近的其他虎鲸能够感知到这一信息，这可能是它们相互交流的一种方式

大翅鲸

大翅鲸，是我所见到过次数最多的鲸。每年夏季，在南极半岛某些宁静的港湾里，常会看到一两条巨大的、弧度不大的黑色背脊在起伏不大的波纹中一沉一浮，既不前进也不后退，那是大翅鲸，它们在睡觉。

所谓"大翅"，是指它们的胸鳍长而且大，可达 4.6 米，约占体长的 1/3，是所有鲸类动物中胸鳍

手机扫码
欣赏精彩视频

大翅鲸在水面上睡觉

最大的。它们还有另一个被人们熟知的名字——座头鲸。所谓"座头"，是日本称呼那些以弹奏琵琶、三味线等乐器为业的落发盲人。日本人看到大翅鲸的背部像琵琶的背面向上弓起，弧度优美，而联想起这个名字。大翅鲸是一种繁殖力强、数量相对较多、分布极广的大型须鲸，由于观察相对容易、行为多样且喜欢和人接近，因此世界各地的人们给它起了各式各样的名字。英文名 humpback whale，译为驼背鲸，顾名思义；某些地方称其为"锯臂鲸"，是指它的胸鳍前缘、下缘长有十几个齿状突起，像两把锯子。另外，所谓"长鳍鲸""巨臂鲸""大翼鲸"等，也都是指它胸鳍巨大而言。

它虽说不是体形最大的鲸，但十几米的体形比一辆加长大巴车还长，仍不失为海上的庞然大物。成年雄性体长 12.2—14.6 米，雌性更大一些，达 13.7—15.2 米，重 20—30 吨。大翅鲸的背侧面为黑色，腹侧面根据种群不同为斑驳的黑色、黑白相间或污灰色。胸鳍腹面为白色，背面可为白色或黑色，视种群和个体而定。尾鳍的腹侧面为白色，常常有各种黑色的花纹，这些花纹对于鲸类观察者来说，非常重要。每每在它们从海

上左 一头浮上水面换气的大翅鲸

上右 大翅鲸的头部

下 双鲸竞渡

面上准备下潜到深海里去的时候，身体入水的幅度会特别大，当它们弓起背，朝水下一钻，臀部抬起，巨大的鲸尾会悠然翘起，洒向海面一排珠帘般的水珠，再赫然向上一扬，暴露出腹侧面，再慢慢地沉入水中，好长时间也不上来。如果这时候你正好处于它的正后方，那么刻画在鲸尾腹侧面上的花纹，就一览无余地展现在你的眼前了。这些刻画在鲸尾上的"纹章"大气磅礴，神秘莫测，有的像黑白大理石板上的天然纹理，有的像毕加索的抽象线条画，有的像火焰烧灼后的印迹……就如同人的指纹一样，每一头鲸的鲸尾花纹都不一样，这些印迹不会在短时期内改变，已经形成的印迹在鲸的有生之年也不会磨灭。野外观察者就是凭借这些"纹章"来识别个体，每一幅画面都是它们独一无二的身份证明。

　　大翅鲸在海面上做尾鳍升降和胸鳍拍水这些动作的时候，我们常常可以看到这些大家伙们的胸鳍和尾鳍边缘往往附着较多带有坚硬石灰质外壳的藤壶，这些藤壶生得密密麻麻，看起来十分恐怖。以前这些藤壶被认为是在它们身上生长的毫无意义甚至是累赘的附着物。越来越多的观察记录发现，大翅鲸在遭受虎鲸攻击时，会刻意使用胸鳍或尾鳍的边缘给予还击，而虎鲸好像十分惧怕这种锋利的边缘而对其退避三舍。

　　尽管大翅鲸是一种较容易观察到的鲸类，但我们对它的认知仍有很多空白，因此请允许我描述鲸目动物的时候会用到一些"似乎""可能"或其他模棱两可的词语，因为目前谁也不知道到底是怎样。它们似乎

惊人的鲸尾"纹章"

尾鳍升降动作
的完成

左 尾鳍两端长有较多藤壶的
大翅鲸

右 臀部黑白相间的圆圈形斑
纹是藤壶脱落后形成的

拥有"一夫多妻"或"一妻多夫"的婚配方式，雄性为争夺配偶会进行激烈的竞争。南半球的种群，其繁殖季节是在冬季，繁殖地在靠近赤道的热带水域，那里缺少鱼群和其他食物，是贫瘠而荒凉的水世界，但那样的空旷地方恰恰可以避免虎鲸等天敌对幼崽的侵害。几乎没有人观察过实际的交配，偶尔遇到的行为学观察止步于交配的"前奏"：在繁殖期，雌雄个体会在一处偏远开阔、水温适宜、水深流缓的海域聚群游泳，它们会在水中追逐、翻滚，用它们特有的"语言"谈情说爱，

大翅鲸壮观的水柱

当"郎情妾意"之时来临，便一同潜入深水，然后肚皮贴着肚皮，以垂直的姿势上浮，直至升到水面……它们的妊娠期可能为11—12个月，可能每两年繁殖一次，也有可能每三年繁殖两次，幼崽的哺乳期可能会在5个月以上。如果母鲸在分娩后不久就怀孕的话，则有可能妊娠与哺乳同时进行。

　　跃身击浪，尽管在鲸类学者眼中，不过是一种极正常的行为，远不如观察到繁殖或摄食行为的意义重要。但在广大观鲸爱好者、自然摄影师和游客看来，这是人人都渴望目睹的奇观。所谓跃身击浪，是指不少种鲸或海豚，有时会在海面上跃身离水腾空，将身体的大部分或全部暴露在外，然后回落水中，掀起大朵激浪。关于鲸类出现这种行为的动机，目前还没有统一的解释。有人猜测以此可以摆脱身体表面的寄生虫；有人猜测这是鲸类沟通信息、表达诉求的一种方式；也有人认为，它们这样做纯粹就是为了好玩。大翅鲸的跃身击浪是所有鲸目动物观赏活动中最出名的。已知大翅鲸跃身击浪的最高纪录是连续跃身200多次，堪称"击浪表演艺术家"。值得注意的是，尽管有些人的确拍摄过以冰山为背景的大翅鲸在南极半岛北部海域跃身击浪的画面，但我不得不告诉你，如此喜欢跃身的庞然大物，它们在寒冷海域跃身击浪的次数明显少于温带海域和热带海域，并且其他几种同样喜欢跃身的须鲸在南极洲也几乎很少跃身使自己完全露出水面，因此，传统上说这个行为"常发生在摄食区内"的定义，并不适用于南极洲，况且，漂满坚硬浮冰和冰山的南极海域，的确不适合这些庞然大物在水面上屡屡腾空飞跃。

关于它们为什么每年夏季会大量出现在南极海域，特别是在南极半岛周围，倒是明确得很：在浮冰下缘的硅藻群落中滋生的大量磷虾是它们在这里聚群的唯一理由。大翅鲸的体形庞大，但消化道窄小，这与它的食物有关，在南极海域，它们主要以体长60—90毫米大的磷虾为食，而在其他温带海域，则捕食各种毛鳞鱼、玉筋鱼和其他小型鱼类等。它们的下颌有类似于手风琴风箱那样可收缩的褶皱结构，当它们吞下一大口水时，可以鼓胀得很大，犹如一个大气球，在捕食的时候，它们会最大限度地张开

由于它们在南极的食物主要是磷虾，因此粪便中含有虾青素，看起来是粉红色的

嘴，把水和猎物一起纳入口中，再通过口中梳子状的鲸须把水滗出，鱼虾留在口内咽下。近年来，人们观察到很多种关于大翅鲸捕食的行为，例如群体合作在鱼群四周制造大量气泡，将猎物围在其中，再聚拢捕食等。但在南极洲，由于猎物是低等的甲壳类且个头十分细小，所观察到的捕食行为还都是常规行为，即冲入虾群，张开大嘴滤食来吃东西。

我第一次观察大翅鲸，是在南纬 60° 附近的德雷克海峡中心区域，3 头巨鲸在远远的海浪中翻滚，待我们的船只靠近时，巨鲸已经结束捕食，只在水中看到一些被冲散的粉红色的小群磷虾。此后见到大翅鲸的次数虽然很多，但一般都是三五头的小群。在南设得兰群岛的欺骗岛东侧海域（南纬 62°，西经 60°），好像是它们在南极半岛北部海域的一个据点，夏季的每一次航行，几乎都能看到大翅鲸在海面上成群结队地活动。

观察到大规模的大翅鲸群体，是 2017 年 3 月中旬在宽阔且风平浪静的杰拉许海峡，那景象，仿佛时光倒流，回到了捕鲸时代之前，四面八方，此起彼伏的喷汽声不绝于耳，每个方向都能看到小规模的大翅鲸群体，我们的船一路前行，始终有鲸相伴，并且几乎都是大翅鲸，这与我 2012 年 2 月初第一次在这个海峡航行时几乎没见过大翅鲸相比，大相径庭。这几年，大翅鲸在南极半岛海域越来越多的消息不绝于耳，特别是 2016 年 2 月的时候，我们这条抗冰船的船东曾兴奋地告诉我，他在经过半岛附近的一处海湾时，居然数出了 200 多头大翅鲸！他是一个严谨的人，并且没有必要跟我说谎，但我仍不敢相信自己的耳朵，通过此次航行，令我确信这是一个好的信号——大翅鲸的数量在慢慢回升！以我在杰拉许海峡航行的 25 千米航路中，单侧船舷所观察到的大翅鲸个体数量在 60 头上下，整条航路所遇到的大翅鲸应该在 100 头以上，这样大的密度，堪称世界之最。

上　欺骗岛东侧栖息地

下　杰拉许海峡栖息地

第七章

飞鸟传

鹱形目鸟类的乐园

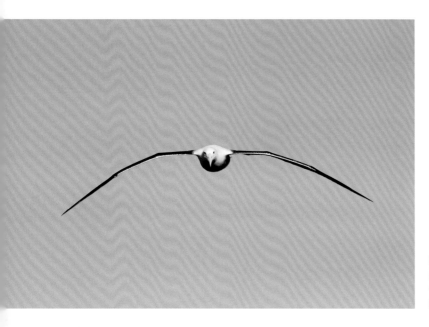

手机扫码
欣赏精彩视频

鹱形目保持着
当今世界鸟类
中翼展最大的
纪录

　　南极海鸟名字中最后几个字只要是"鹱""海燕"或"信天翁"的，都属于鹱形目。这个目的物种几乎都是海鸟，即一生中大部分时间在海上漂泊，只有在求偶、孵化和育雏的繁殖季才登陆上岸的鸟。它们都是飞行健将，在远离陆地的南大洋中心海区所能观察到的鸟类，几乎都属于这个目。它们的样子有点像海鸥（鸻形目），长着流线形的身体，长而狭窄的翅膀，与海鸥最大的区别就是：它们的鼻子都长成一对短管的形状。

管形目鸟类的鼻子

　　管状鼻子不仅仅承担换气通道的责任，这样的鼻子其实是鼻孔和鼻盐腺总导管开口的结合体。这些鸟长年生活在大洋上，水分主要从食物中获取（但这些来自海水里的食物也含有大量的盐，尤其是为数众多的浮游甲壳类节肢动物），同时它们也会喝进少量的海水以补充身体所需的水分，为了不使体液的渗透压过高，它们会通过盐腺排出身体里多余的盐分，以保持体液的渗透平衡。这些多余的盐分，就以高盐溶液的形式从这对管子排出体外。有些管形目鸟类（例如后文中要提到的鸽锯鹱），还赋予这对管子一项更为复杂的功能——射击！它们能用这两根管子向抢夺食物的对手或来犯的天敌喷射一种化学武器——恶臭的、令所有鸟类都十分厌恶的胃油！所谓"胃油"，是从鸟类腺胃（也称前胃）中分泌的一种油状液体，它的主要成分是海洋蜡酯和甘油三酯等有机化合物，这些酯类一旦粘在羽毛上，会令羽毛立刻失去防水功能，这对生活在大洋上的海鸟来说几乎是致命的。这些酯类化合物的"原料"都来自食物，尤其是海洋蜡酯，它们通常存在于一些甲壳纲浮游动物和鱼类的身体里。对人类的消化系统来说，蜡酯是不能被消化的。如果我们不慎食用了富含海洋蜡酯的鱼类，例如油鱼（即棘鳞蛇鲭和异鳞蛇鲭的商品名，属低价劣质的水产品，一些不良商人常常将其冒充切片的"银鳕鱼"在市场上出售），就会导致胃痉挛、疼痛，继而这些蜡酯会囤积在消化道下段，导致排油性腹泻，即人们俗称的"漏油"（从肛门中不由自主地流出橙黄色的油）。鹱形目海鸟则不一样，它们不仅能把这些酯类当作食物加以消化利用，还将这些高能量的物质作为远洋旅行的储备"燃料"，以及雏鸟成长必不可少的"营养品"。

它们是大洋上的飞行能手（黑眉信天翁）

　　根据形态和亲缘关系的不同，鹱形目下面可分为鹱科、信天翁科、海燕科和鹈燕科，这些科的鸟类在南大洋上都有分布。其中，信天翁科的体形最大，最大的信天翁平均翼展在 3 米以上，平均体重可达 7 千克。这些大型海鸟在远离人烟的海岛上孵化，每年只产 1 枚卵，还常常受到老鼠、猫、猪、鼬等动物的侵害。即使鸟卵躲过这些天敌，雏鸟的发育也相当缓慢，需要亲鸟轮流照顾 4—10 个月才能独立生活，而多数小鸟要经过 5—10 年才开始繁殖，因此该科鸟类的境遇普遍不好，再加上目前海洋污染、渔业竞争、栖息地丧失、人类猎杀等因素，已使大多数种类濒临灭绝。鹱科鸟

亚南极岛屿上的
皇信天翁巢区

的体形排第二，该科中体形最大的巨鹱翼展 2 米，平均体重超过 5 千克，是仅次于大型信天翁的海鸟。南大洋上分布的花斑鹱、南极鹱、雪鹱属中型海鸟，体形和普通的海鸥差不多。鹱科鸟类由于长年在大洋上飞行、不经常落地的缘故，它们的腿脚多呈现出弱化趋势，多不能灵活地在地上走路，只有巨鹱是个例外。鹱科鸟类的巢多在偏远的海岛，常利用临海高耸的悬崖、岩架上的洞穴、岩台、裂隙筑巢，这不仅可以逃避敌害，而且适宜就近起飞并利用上升气流。海燕科以黄蹼洋海燕为代表，是一类比燕子大一些的小型海鸟，翼展只有 30—60 厘米，重 25—70 克，它们也喜欢在悬崖峭壁上筑巢。鹈燕科也是小鸟，大多分布在亚南极海区，南乔治亚鹈燕等少数个体有时会进入南极洲。

　　鹱形目鸟类喜欢以大洋表层的浮游生物如甲壳类动物（水蚤、磷虾等）为食，也喜欢吃游在海水表层的小型鱼类。有些种类具备一定的潜水能力，能下潜到水下十几米或更深的水层去捕食头足纲软体动物（鱿鱼、章鱼等）。几乎所有的鹱形目鸟类都有跟在船只后面飞翔的习惯，一方面可以借助船只在航行时产生的上升气流以减轻飞行的负担，另一方面是船只螺旋桨能将水面下的浮游生物搅动至水面而易于发现食物，更重要的是可以不时取食人类所抛弃的各种厨余垃圾。

上　　它们也是游泳健将（花斑鹱）

下　　德雷克海峡上尾随船只的各种鹱形目鸟类

花斑鹱

一只展翅翱翔的花斑鹱

  凡去过南极半岛的人，对这种鸟一定会印象深刻。在近千公里宽的德雷克海峡上，如果你在穿越西风带途中还能稍稍坐起，或是去酒吧间倒杯红茶，或是扶着楼梯走到驾驶室，总之，只要能在有窗户的地方待上一小会儿，几乎总能看到一种出没在风浪中，身上有花斑的海鸟。

　　它们是成群结队出来觅食的花斑鹱。很多人把这种中型海鸟认作身上
长满了黑白斑点的海鸥，因为它的体长在 35—40 厘米，翼展在 0.8—1 米，
体形与普通的海鸥差不多，并且它扑翅和翱翔的姿态也与鸻形目的鸥科鸟
类相似。它们的头、背部、肩部、嘴、腿脚和尾羽为黑色，腹部为白色，
其他部位的羽毛为白色底板上洒满了斑驳的黑色斑点。花斑鹱的英文名称
为 Cape Petrel，意思是生活在海角上的海燕，其实它们属鹱科，与海燕同
属鹱形目。在暴风雨即将来临之时，它们也会像海燕一样"在乌云和大海
之间"，"像黑色的闪电，在高傲地飞翔"（引自高尔基的《海燕》）。

　　花斑鹱在海面上的出现几乎是全天候的，我曾在一艘南极邮轮上做
过一项需要公众参与的小实验：我在开放驾驶室的窗台上放一张过塑的
花斑鹱大幅照片，在这张照片背后附一沓表格，里面可以填写乘客看到
这种鸟的时间、数量等内容。全船有将近 1/3 的乘客热情参与了这项实验，
于是我获得了一个意料之内又十分令人感慨的结果：几乎整个白天都能

看到这种鸟，哪怕是在距离周边陆地400多千米的德雷克海峡中心区域。花斑鹱的分布区域呈环南极洲分布，所有南半球大洋里都有这种鸟，至北可以到达非洲、南美洲、大洋洲的热带区域以及越过赤道出现在我国的西沙群岛，但它们似乎还是最喜欢南纬56°—60°之间的海区，在南纬60°以南逐渐变少。虽然几乎所有的文献资料中都写明这种鸟"分布在南极半岛（最北端在南纬63°）"，但你想在那里找到它们，着实不太容易，因为我每次坐船去南极半岛的时候，早在到达半岛北部之前，它们便很少出现了。花斑鹱的繁殖地在南极洲周围的各个岛屿，南极半岛上也有一些，但是不多。这种鸟的种群数量目前相对稳定。它们通常在南半球的初夏（11月到12月初）产下一枚白色的蛋，而雏鸟要长到5岁后才开始繁殖。

德雷克海峡中飞翔的
一群花斑鹱

南极鹱

花斑鹱还有一个"姊妹"物种——南极鹱，又称南极海燕，无论体形，还是长相，它们似乎是从一个模子里磕出来的，但南极鹱没有那一身细碎的黑白花斑，它的头、背、肩部和尾尖是一水儿的灰褐色，其余部位为白色。这两种鸟不仅亲缘关系近，分布范围也差不多，还常常混群飞翔，所不同的是，南极鹱的名字取得更加名副其实，它的分布范围比花斑鹱更靠南一些。在罗斯海航线上观鸟，当船接近南纬56°时，你常常可以看到一群花斑鹱中混着一两只身上没花斑的南极鹱在绕着船飞，而当船进入南纬60°线后，就变成了一群南极鹱中混着少数的花斑鹱，进入南极圈（南纬66°34′）后，花斑鹱就更少了，待接近南纬70°的时候，海面上就只剩下南极鹱了。

虽然南极鹱是环南极洲分布的，但我在西半球的南极半岛上很少见到这种鸟。它们似乎偏爱东半球，我在罗斯海海面上漂浮的冰山或隔年的大块海冰上看到它们成群结队地在一起休息，澳大利亚的鸟类学家甚至在

巨浪间飞舞的
南极鹱

一座冰山上观察到成千上万只的鸟群，它们在东半球的某繁殖地甚至拥有超过 20 万对成鸟的群体。你在海上之所以经常看到花斑鹱和南极鹱，是因为它们喜欢随船飞行，厨余垃圾在其食物中所占比例很大，而南极鹱由于分布区更加偏南的缘故，在船只稀少的海域，其食物中磷虾的比例就会更大一些。人们目前对于南极鹱的观察数据多来自其繁殖地哈斯韦尔群岛（Haswell Islands，位于南纬 66°32′，东经 93°00′）和文德米尔群岛（Windmill Islands，位于南纬 66°20′，东经 110°28′）。它们在 10—11 月返回这些繁殖地，并产下一枚长椭圆形的卵（这种形状的卵在有风吹动时可以绕圆心移动，而不至于滚落巢外）。它们会在没有积雪覆盖的倾斜岩石峭壁上筑巢，孵化期为 6—7 周，育雏成功率在 70%—90%，世界自然保护联盟（IUCN）将它们的保护级别列为 LC 级（无危）。

雪鹱

除几种南极企鹅外，真正的"南极鸟"还有一种鹱科动物——雪鹱，也叫雪海燕。它们是世界上分布最靠南的鸟类之一，在通往南极洲的航线上，你经常可以在一些绕船飞行的花斑鹱或南极鹱的群体中发现有一两只纯白的鸟儿与它们结伴，那便是雪鹱。雪鹱比花斑鹱小一点，它们名如其形，除了没有羽毛覆盖的裸区是黑色（虹膜、喙）或蓝灰色（腿脚）外，通体雪白，翱翔在蔚蓝的天空与碧海之间，犹如一只只白色的和平鸽。

雪鹱以前最南的分布记录是其繁殖地之一的查尔斯王子山脉（Prince Charles Mountains，南纬70°—74°），那里位于南极大陆内部，距海岸300多千米。目前有记录显示，人们曾在接近南纬80°的地方也观察到了这种鸟。它们来到这些满眼冰雪、没吃没喝、异常寒冷的冰原内部到底要做什么呢？人们发现，每年8月下旬至9月中旬，当南极洲的冬夜还没完全过去时，成群结队的雪鹱就从赖以觅食的浮冰区边缘向内陆的崇山峻岭陆续飞来，它们要寻找露在冰面上的岩石罅隙做窝。初到繁殖场，它们会追逐示爱，一旦结成伴侣，便去找那些背对寒风且不会被积雪覆盖住出口的岩缝、石洞产卵孵化。雪鹱的巢只是在洞中修整出一个浅坑，几乎没有任何巢材，实际上在它们筑巢的地方，除了自己的羽毛，也找不到任何像样的巢材供它们絮窝。尽管卵是放在地面上的，但亲鸟会轮流以胸腹部的厚厚羽绒使卵永远保持温暖，直至小鸟出壳。每年11月至次年1月，都是雪鹱的孵化季，一对亲鸟在一个繁殖季只产一枚长约5厘米的小白蛋，需要将近7周

在浮冰上休息的一
群雪鹱（中间还有
一小群南极鹱）

的孵化期（比企鹅的孵化期要长得多）小鸟才能出壳。小鸟是晚成鸟，出壳后需要亲鸟嘴对嘴的哺喂才能长大，育雏期大约需要7周。初生的小鸟遍身都是毛茸茸的灰色细毛，这些绒毛的保暖性很好，能承受夏季坏天气时 -25℃以下的低温。亲鸟以从胃内反刍出来的食物哺喂小鸟，小鸟长得很快，待育雏期即将结束的时候，小鸟的身上已经长出和成鸟差不多的飞羽了。

雪鹱之所以会选择如此偏远的南极内陆繁殖，主要是因为那里没有天敌。贼鸥，是南极洲最凶猛的鸟，它的嘴有锐利的钩锋，可以叼走那些保护得很好的鸟蛋，也能从那些自认为已经很负责的父母肚子下面拽走无辜的小鸟。像雪鹱这种身体弱小的海鸟要想保住自己的繁殖成果，倚仗其自身极耐严寒的结构和高超的飞翔能力，遂选择这种剑走偏锋的

上　　翱翔在南大洋上的
　　　雪鹱

下　　凌波微步

做法——到极寒的南极内陆去繁殖。由此，我想到了一种北极鸟——白鸥（*Pagophila eburnea*），这种海鸟同样拥有一身雪白的羽毛，是世界上分布最靠北的鸟，由于它具有特殊的羽毛结构，其绒羽数量较其他北极鸟类多，而终生生活在寒冷的北极核心区，即使是严冬，也可以靠捡拾北极熊的残食熬过漫漫的极地长夜。雪鹱与白鸥，真是地球南北两端的一对奇异物种。

银灰暴风鹱

南极航线上还有一种能与北极物种"配对"的鸟——银灰暴风鹱。在长着管状鼻子的鹱科鸟类中，共有13个属50多种，而暴风鹱属仅仅只有两名成员，真是名副其实的小属。地球上仅有的两种暴风鹱都是极地鸟类，一种名字就叫暴风鹱（*Fulmarus glacialis*），生活在北极，另一种叫银灰暴风鹱，生活在南极，它们的分布相距甚远，但亲缘关系十分近。

风浪中飞舞的银灰暴风鹱

几只在海浪中游泳的银灰暴风鹱

在身形轻捷、体态优雅的鹱科鸟类中，这两种暴风鹱是罕见的重量级选手，它们的身材虽然也呈流线形，但浑圆饱满。银灰暴风鹱的个头较前述几种南极鹱科鸟类要大一些，体长可达到45—50厘米，体重能达到1千克以上，翼展能达到1.2米。它身体的大部分区域，即背部、两翼的羽毛以及尾羽呈银灰色，头部、肩部和腹部的颜色较浅，呈灰白色，翅膀尖的羽毛呈黑色。它有一张粉红色的小嘴，嘴尖为深灰色，嘴上的管状鼻为蓝灰色。雄鸟和雌鸟的外观相似，并且羽毛没有季节性变化。由于关注度低，目前人们对银灰暴风鹱的资料掌握得不多，只知道它们的繁殖地在南极大陆和环南极洲各岛屿，成鸟会在10月回到旧巢，在11—12月间产下一枚鸟卵，雏鸟在第二年3—4月出巢。

鸽锯鹱

鸽锯鹱是鹱科家族中一种长相漂亮的小鸟，别看它身形不大，体长不到 30 厘米，翼展仅 66 厘米，但它从头后到背部、臀部的大部分羽毛都是漂亮的蓝灰色，尾羽为黑色。当它伸展开翅膀飞翔的时候，你可以清楚地看到，两侧翅膀从翼尖到翼根经背部能连缀起一个深灰色的大写字母 M 形的花纹。它的面部十分脸谱化，眼睛上面有一道明显的白色眉纹，一条黑色的眼纹贯穿前后，眼周为深灰色。由于其特殊的样貌，在海上一般不会被认错。我曾在南极半岛航线上观察到零星飞行的鸽锯鹱，但据说这种鸟也十分喜欢结大群飞翔，它们的扑翅速度很快，也可以翱翔，在浪间出没的身形十分灵动。

鸽锯鹱
（背侧面）

上　　鸽锯鹱（腹侧面）

下　　背侧面的"大写M"

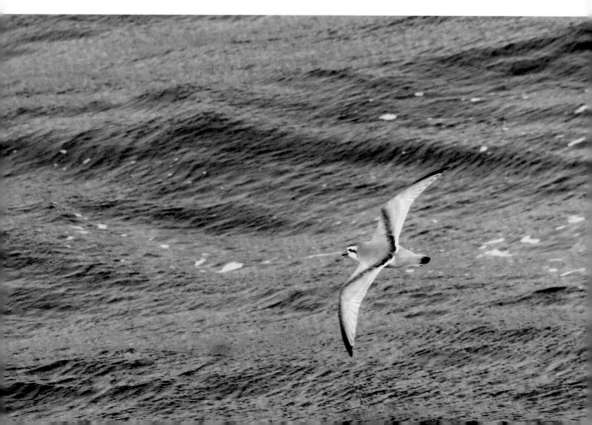

黄蹼洋海燕

蹼洋海燕（背侧面）

南极航线上还有一种极有趣的鹱形目小鸟，属海燕科，名叫黄蹼洋海燕。它名字中的"黄蹼"即黄色的脚蹼，在天空中飞翔的时候是看不到的，只有当它们张开脚蹼用力踩水的时候，才能在趾与趾之间的蹼膜上看到一抹鲜艳的亮黄色。在如此隐匿的角落留下这样一抹亮色到底为何呢？

在鸟类的眼中，明亮鲜艳的颜色自然不会是隐蔽用的保护色，而鸟类也不会像昆虫那样靠鲜艳的警戒色告诉敌人自己的肉有毒，因此我认为这是给同类看的，就像鲣鸟会向心仪对象展示自己蓝色的脚丫子（蓝脚鲣鸟）或红色的脚丫子（红脚鲣鸟）一样，鲜艳的程度越强烈，越能体现自己的健康程度，也越标榜自己能产生出健康的后代。黄蹼洋海燕的另一个中文别名叫白腰长脚海燕，这个名字起得倒十分形象。它们浑身的羽毛颜色主要为黑褐色，头部、尾羽和翅尖的羽毛近乎黑色，而腰部为明显的白色，在水面上识别起来非常方便。而"长脚"的形容更加贴切！平时见它们犹如蝴蝶般扑翅于波峰和波谷之间，一不留神就看不到了，能够让你看清它们样貌的时刻恰好是它在做自己"招牌式"的动作——"水面踢踏舞"时。它们喜欢在快速飞翔间忽然停顿下来，忽闪着一对长长的翅膀，伸展开几乎是身长一半的腿脚，细脚伶仃地以脚尖在水面上悬停，并不停拍打水面。黄蹼洋海燕分布非常广泛，从寒带到热带，几乎世界各大洋都能见到它们的身影，它们以浮游生物为食，数量繁多。

南方巨鹱和北方巨鹱

巨鹱，以前被认为只有一种，现在人们根据其形态、生态习性和遗传学方面的不同分成南方巨鹱和北方巨鹱两种。我不知道当初为什么一定要用"南方"和"北方"两个方位名词来定义这些大鸟，因为这两种鸟在地理分布上，根本就是互相重叠的，你既可以在它们所谓的"北方"家里看见"南方客"，也可以在所谓的"南方"家园见到"北方佬"。其实倒不如用它们最明显的特征命名为"红嘴巨鹱"（北方）和"绿嘴巨鹱"（南方）比较好。但就目前来讲，前者的命名方法已经被广泛接纳，因此我还是遵循已有的命名规则为好，以免将来造成更多混乱。

巨鹱是所有鹱科鸟类中体形最大的种，它们的体长接近1米，翼展可达2米，体重3—5千克，这样的体形在陆地上几乎可赶上金雕、白头海雕这类大型猛禽的身量。几乎所有的鹱科鸟类都是终生在海上讨生活的，双腿多已退化得软弱无力，游泳尚可，但行走起来就不那么从容了，有些还能够勉强迈步，有些干脆如同雨燕那样，失去了行走的能力。巨鹱是个例外，它们在海洋和陆地上都能自由自在地生活。它们的双腿十分有力，还有大而宽厚的脚蹼，不仅能游泳，还可以在陆地上较长距离地健走、慢跑，或扇动着那双大翅膀相互追逐、冲刺……累了，就趴在平地上休息，想飞的时候，也可以随时助跑起飞，这是别的鹱科鸟类望尘莫及的。

巨鹱在海上漂泊的时候，通常以鱼、鱿鱼、磷虾为食，但这样的取食方式往往又太过复杂且耗费体力，它们最喜欢吃的东西还是那些漂浮在水

上左 北方巨鹱

上右 南方巨鹱

下 一只在岸上行走的北方巨鹱

面或死在地面上的鲸、海豹、企鹅或其他动物的尸体，以及被同类或贼鸥丢弃的腐烂肉块、内脏或被母兽抛弃的胎衣。当陆地上的尸体资源出现严重不足时，巨鹱也常常倚仗自己高大威猛的身材和坚硬巨大的利嘴主动攻击老、幼、伤、病的企鹅或海豹幼崽，将它们杀死并开膛破肚。以前在南极半岛驻站的科考队员，一年中总有几次机会看到在海兽或企鹅的尸体旁，一群巨鹱，不分南北，如同兀鹫那样，争先恐后地把头、颈伸入尸体的腹腔，掏取血肉淋漓的内脏，同时也把自己弄得满头血污……这景象，就如同青藏高原上的兀鹫，抑或是非洲草原上的斑鬣狗。

初到南极的鸟类观察者，要想分清南、北巨鹱的区别，往往是件困难的事，因为这两种鸟的形态和颜色都十分接近。很多观鸟手册都会介绍它们羽色的不同，大多数的写法是：南方巨鹱成鸟的身体呈灰褐色，头、颈、腹部和背部是在污白底色上有灰褐色斑点；北方巨鹱成鸟的身体呈深灰色，面部和下颌呈白色，面部以外的头部其他部位、颈部、胸部和腹部为深灰底色上有斑驳的白斑。综上所述，你可以满不在乎地感觉自己已经弄明白了，这两种鸟不过是以灰褐色为主，有的深点，有的浅点，至于那些次要地方的斑点，就看是深灰底子上长白斑，还是白色底子上长灰斑的问题了。但实际上，自然界的鸟可不会严格按照手册上描述的特点去长自己的羽毛，受遗传、变异、营养、污染、光线等内外因素的影响，两种巨鹱羽色的斑驳程度往往会远超你的想象；它们的飞行速度很快，不论在船上还是在陆地，当它们在你面前瞬间掠过时，你的眼睛根本分不清哪里是底子，哪里是斑。最可靠的分类方法是看它们的喙和虹膜的颜色，它们都有一张长而坚硬的大嘴，而喙尖的颜色决定了它们的归属：喙尖呈玫瑰红色，向后发生晕散为肉红色的，是北方巨鹱；喙尖为淡黄绿色的，是南方巨鹱；虹膜颜色为淡黄色的，是北方巨鹱；虹膜颜色为深褐色或黑褐色的，是南方巨鹱。这两个特点，最为可靠！值得一提的是，处于青春期的亚成体小鸟，无论南、北，它们都是一身较深的黑褐色羽毛，

左 守候在阿德利企鹅巢区的
巨鹱亚成体（阿代尔角）

右 处于亚成体的巨鹱

而喙尖的颜色此时又尚未发色，都是淡黄色，要想在短时间或远距离的条件下看清虹膜颜色去判别种类几乎是不可能做到的。因此，在作物种分布的统计时，亚成体的小鸟一般只是作为参考，除非采集到非常清晰的影像资料，毕竟，这些长得"都一样"的小家伙，的确是太难分辨了。

在南极洲，有时人们还会看到一种巨鹱状的白色大鸟，它是巨鹱的白色变种，这个变种一般发生在南方巨鹱的群体中，发生概率大约为5%。白色巨鹱并不是像雪鹱那样遍身洁白，它是在白色基调上，穿插着几根斑驳的黑色翎羽，犹如宣纸上偶然落下的几点水墨，这不同于黑色素脱失的白化病，它的行为与正常羽色的南方巨鹱几乎相同，似乎白色变异并没有给它的生活带来什么不便。

上　南方巨鹱（白色型）

下　一只南方巨鹱飞翔在罗斯冰架附近

Odyssey
on
Ice　冰洲上的游戏

段煦南极博物笔记

黑眉信天翁

～～～～～～～～～～～～～～～～～～～～～

　　黑眉信天翁是我见过的第一种信天翁，它们生活在南大洋上。在从事极地工作之前，我的航海经历仅仅包括我国近海，尽管那里也有信天翁这种大型海鸟，但数量极少。我记得20世纪80年代出版的《中国保护动物图谱》中，仅有一种叫作短尾信天翁的记录在册，那是种分布于西太平洋沿岸的鸟类，有时也到我国近海来。后来，随着我国观鸟活动的普及，近海记录到的信天翁种类也越来越多，但要想与它们相遇，依然不是件容易的事。南大洋是信天翁家族的大本营，我们的船刚刚进入德雷克海峡，一下就被这种印象里难得一见的大鸟所围绕，不由得让人一怔。它们可真大啊，伸展开将近3米的翅膀，在天海之间，犹如巨大的滑翔机，乘风而来，乘风而去，漫游云间，胜似闲庭信步。我借助望远镜仔细观察，它们中数量最多的，是一种背部和翅的背侧面呈黑色，头、腹部和尾羽为白色的信天翁。我将镜头对准其中一只的头面部，一道飞扬、帅气的剑眉映入眼帘……啊，原来这就是黑眉信天翁呀！

　　以前我曾为它的一张肖像着迷，在一本外国杂志的封面——一只育雏的黑眉信天翁，雪白的面部，一道剑眉笼罩着温情款款的明眸，慈爱地看着自己的幼雏。在南大洋上航行的时间久了，我感到黑眉信天翁是最喜欢随船飞行的信天翁种类，一开始我还以为它们随船飞行仅仅是为了节省体力，后来我读到了关于现代渔具对南大洋海鸟造成危害的论文，才知道原来它们除了捕食鱼类及软体动物，还喜欢跟随渔船，捡拾丢弃的渔业废弃物（如鱼头、内脏等下脚料）作为食物。可怕的是，当现代"延

上左 德雷克海峡上空飞翔的黑眉
信天翁

上右 从水面上起飞

下 它们有结小群活动的习惯

左 一只在火地岛附近洑水的
黑眉信天翁

右 黑眉信天翁北方亚种

绳钓"（在一根长长的干线上联结很多带有鱼饵、钓钩的支线所组成的钓具）在南大洋上兴起并普及开来的时候，这种随船捡食的习惯令它们遭遇灭顶之灾。

　　船尾浪花中翻腾的诱人食物已不再是简单的下脚料，而是一个个悬挂着鱼饵或渔获物的钓钩，当它们依旧尾随着渔船，伺机吞下那些本来可口的美味时，锋利的鱼钩与看不见的鱼线也一起进入食道，继而身体被拖入浪花，惨死在海上。目前，黑眉信天翁的数量正急剧减少，南大洋普遍使用的延绳钓是令其减少的最主要原因，这种魅力十足的大鸟现位列"最易被渔业钓具误杀物种"之首。

　　2017 年初，我随船前往东半球南极洲，在靠近新西兰所属坎贝尔岛（Campbell Island，南纬 52°33′，东经 169°09′）的南太平洋上，看到一只黑眉信天翁的身影，我再一次通过望远镜去追寻那温情脉脉的眼神，与以往在德雷克海峡相遇时不同，我看到的，是两道剑眉之下，一双严肃而凶猛的眼睛。

　　我吓了一跳，以为是个体差异，继而盼望看到下一只，没过多久，果然又飞来一只，四目相对，仍旧是"严肃而凶猛"。我用长焦镜头拍

一只在坎贝尔岛海域飞行的黑眉信天翁北方亚种

下了这里的鸟。回到船舱，我比对了以往拍摄到的黑眉信天翁，发现了其中的奥妙所在，原来是虹膜颜色的不同。我在德雷克海峡拍摄到的个体，虹膜是黑色的，远山般的眉毛下一双漆黑的大眼自然是温情脉脉的；而这里的个体，其虹膜的颜色竟然是黄色的，中间的瞳孔小而可怖，看起来犹如凶神恶煞。我查阅了相关的鸟类文献，原来黑眉信天翁有两个亚种：在德雷克海峡看到的，被称为南方亚种，这个亚种是最早被描述的，其英文名称就叫 Black-browed Albatross，即黑色眉毛的信天翁；而在新西兰以南太平洋洋面上飞翔的这些黄色虹膜的个体是北方亚种，英文名称为 Campbell Albatross，即坎贝尔岛信天翁（又称坎岛信天翁）。目前也有鸟类学家主张把这两个亚种提升为独立的物种，但还没有取得一致的意见。

南方皇信天翁和漂泊信天翁

皇信天翁这个名字听起来就透着雍容威仪，如同帝企鹅的名字一样，使用这样的名字，一般都属于同族鸟类中体形最大的种。在以前的资料中，与其长相十分接近的同属物种——漂泊信天翁，其最大翼展纪录为 3.7 米，被认为是翼展最大的信天翁。近年来获得的更多测量记录表明，皇信天翁的

平均翼展与漂泊信天翁相似，为 3.1 米，最大翼展能达到 3.5 米，但皇信天翁的平均体重（9 千克）比漂泊信天翁的（8.1 千克）会更重一些。因此，皇信天翁是信天翁家族中名副其实的"皇帝"。

皇信天翁有两种，分布于新西兰南岛等温带地区的是北方皇信天翁，飞翔于亚南极岛屿上空和南极洲周边洋面上的是南方皇信天翁。我在"南美—南极半岛"航线与"新西兰—南极罗斯海"航线上所观察到的，就是南方皇信天翁。在这一区域，南方皇信天翁与漂泊信天翁的分布是重合的，更为凑巧的是，这两个不同的物种，其成鸟在体色上，几乎毫无差别！它们的喙都是淡粉色，头和躯干部分的毛为白色，而翅膀背侧的毛是黑白斑驳的。其实，这两种鸟终其一生，羽毛的颜色都在变化。对于漂泊信天翁而言，它们从亚成体（青年阶段）到老年阶段是一个从黑变白的过程，刚刚能够飞翔的亚成鸟，除面部是白色外，背侧的羽毛几乎完全是深灰色到黑色的深色羽，随着其渐渐长大，背部的羽毛逐渐变得黑白斑驳，直至越来越白，与此同时，白色的羽毛开始蔓延至两个翅膀，从黑白斑驳，到越来越白，有的老年漂泊信天翁，除了两个翅尖尚保留

上　　南方皇信天翁

下　　漂泊信天翁保持着翼展
　　　最大的纪录

一些黑色外，几乎全身都是白色。南方皇信天翁成鸟最初的颜色是头和
躯干为白色，双翅背侧的羽毛为黑色，随着年龄渐长，双翅的背侧羽毛，
从肩部开始出现斑驳的白色，继而向下蔓延，至老年时，除翅尖和翅膀
靠下一点的位置还保留一些黑羽外，几乎全身都是白色。

　　由此看来，这两种脸形、体态、羽色都十分相近的鸟，要想在如此
频繁变化的换羽过程中分清谁是谁，是多么困难的一件事情呀，况且在
南大洋上的观察机会还总是受天气、光线和距离远近的影响，要想鉴别
得准确无疑，光凭借羽色差异，就是技术再高明的观鸟老手也难保万无
一失。最保险的鉴别方法还是像辨别南方巨鹱和北方巨鹱那样，抓住它
们相对不变的"关键特征"。南方皇信天翁和漂泊信天翁都有一张粉红

上左 一只洑水的南方皇信天翁

上右 漂泊信天翁

中 一、二、三，走起（南方皇信天翁）

下 南方皇信天翁在上下嘴之间有一道
明显的黑色嘴线

南方皇信天翁
Diomedea epomophora

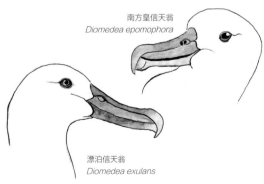

漂泊信天翁
Diomedea exulans

德雷克海峡上飞翔的两只漂泊信天翁（另两只黑鸟是亚成鸟巨鹱）

色的大嘴，喙的结构和管状鼻的外观也几乎一样，但南方皇信天翁在上下嘴之间，有一道明显的黑色嘴线，这个特征是漂泊信天翁所没有的，就凭借这一点，鉴别的准确率是 100%。此外，有些成年漂泊信天翁，在眼睛后方常常会长出几缕淡黄色的羽毛，这也是南方皇信天翁所没有的。

在开往南极洲的船上，每当风浪稍稍有些收敛，我总是拿着望远镜前往后甲板，用脚和腰的力量，将自己固定在船尾的一角，观察那些出没于浪花间的鸟。这两种大信天翁常常会一同出现，这是很考验鸟类观察者目力和耐心的。在这些鸟还距我很远的时候，我总是根据它们羽色的变化趋势来分析它们属于哪一种；等到临近后，再去观察那些"关键特征"。如果先前"猜"对了，就会有一小阵欣喜；如果"猜"错了，也不气馁，继续研究为何会出错。实践证明，集中精力去做一件事，居然也能赶走熬人的晕船。

灰头信天翁和灰背信天翁

灰头信天翁
（背侧面）

在南大洋上，灰头信天翁与灰背信天翁的数量相对前述几种信天翁较少，属偶见鸟类。它们的名字虽然仅仅一字之差，亲缘关系却离得不近。

灰头信天翁是小信天翁属的一员，它的身长在 65 厘米左右，翼展能达到 2.2 米。"灰头"是它的基本特征，这种灰色十分"高级"，是一种类似于金属般的银灰色，以眼周为中心，从头延续到颈部，并发生由浓至淡的渐变。此外，银灰色的部分还有其尾羽。它的腹部呈白色，翅膀背侧面为近乎黑色的深灰。通过望远镜观察它们的时候，喙的特征十分

明显，这足令其与别的信天翁分开，喙的上缘和下缘为明亮的橘黄色，中间部分为黑色，这些色块的界限分明。它们也是环南极洲分布的，目前已知的繁殖地不多，其主要的研究数据来自南乔治亚岛和麦夸里岛等亚南极岛屿。目前人们对这个物种的确切数量尚缺乏足够的数据，但从它们不多的栖息地繁殖情况来看，自20世纪90年代后，数量下降的速度非常快，以至于可能有突然消失的危险，鸟类学家推测其主要原因仍旧是"延绳钓"在南大洋渔业中的广泛使用。目前，世界自然保护联盟（IUCN）将其保护级别列为EN级，即濒危物种。

　　灰背信天翁隶属于"另类"的乌信天翁属，这个属的成员比灰头信天翁所在的小信天翁属体形稍大些，仅有两个物种，即乌信天翁和灰背信天翁。说它们"另类"，是因为它们与人们对信天翁科鸟类仪态雍容、羽毛靓丽的印象大相径庭。它们通体黑头黑脑，犹如挖煤烧炭的一般，乌信天翁的身上除了眼圈（围绕眼睛的后缘，呈新月状）、腿脚和喙上的一道中线为浅色（分别为白色、浅灰色和淡黄色）外，身体的其他部分均为近乎黑色的深灰色。灰背信天翁的配色方案与它的这位"掌门师兄"差不多，但要稍好些，背部为浅灰色。它们的体长为84—90厘米，翼展约2米。它们是喜欢在悬崖绝壁上筑巢的信天翁，环南极洲分布，目前数量也不容乐观，其保护级别为濒危（乌信天翁）和近危（灰背信天翁）。

棕贼鸥与灰贼鸥

　　到过南极洲的人，但凡提及贼鸥，大多对这种鸟的名声嗤之以鼻，说其如何欺侮和残害"善良无助"的企鹅，偷窃人家的蛋，杀死人家的幼儿……对比企鹅憨态可掬的样子，贼鸥凶神恶煞般的身影和带有钩锋的大嘴着实令人感到一个可爱，一个可憎。但在自然界，其实并无孰善孰恶之分，万事万物总是遵循着各自的道理存在并运行的，对于磷虾而言，企鹅就是其生命的终结者，而对于企鹅来说，贼鸥便是其天敌。自然界中的食物链条环环相扣，共同维系着一个动态的平衡。

左　一只趴在雪地上的
棕贼鸥

右　在花岗岩海滩上漫
步的灰贼鸥

棕贼鸥与灰贼鸥
头部特写

很多人以为贼鸥是南极的特有物种，这是缘于人们对这类动物所了解到的信息几乎都来自南极科考队员的描述。其实，贼鸥不仅仅指一种动物，它们是鸻形目贼鸥科的 8 种鸟类，不仅南极有，北极也有，中贼鸥、长尾贼鸥、短尾贼鸥都是在北极苔原上繁殖的，棕贼鸥（又称褐贼鸥）、灰贼鸥（又称麦氏贼鸥）则繁殖于南极洲。

两种南极贼鸥在生活习性、地理分布和形态上，都具有相似性。它们的头颅均大而圆，喙黑色，尖端带有锐利的钩锋，脚为黑灰色，四趾，趾间具蹼，游泳、行走均显健硕，只是棕贼鸥的体形稍大些。两者之间最大的差异在毛色上：棕贼鸥身体的大部分颜色，包括头、胸、腹、翅

左　棕贼鸥翅膀上的白斑

右　灰贼鸥翅膀上的白斑

及尾羽为深棕色，初级飞羽（位于翅的中部）的基部具有宽大的白色斑块，当它展翅的时候，这个大白斑就特别明显；灰贼鸥的头、胸及腹部为灰褐色，翅、腰及尾羽为深褐色，初级飞羽基部的白色区域较棕贼鸥的面积小。

两种贼鸥都不怕人，可以离得很近进行观察，尤其是棕贼鸥，当船停在南设得兰群岛或南极半岛那些周围科考站比较密集的锚地时，它们就会接二连三地降落到甲板上找吃的，看见人走过来也不飞，有时你站着不动，它却走到你跟前来，用喙叼你的鞋带。初到南极的人一般都会对贼鸥的摄食行为感兴趣，因为它们就生活在你的周围，那

上　棕贼鸥有对很擅长游泳和走路的大脚蹼

下　有时贼鸥会围绕海豹盘旋（棕贼鸥与豹形海豹）

上　　　一只棕贼鸥威风凛凛地站在制高点上搜寻猎物

下　　　在阿代尔角，一只灰贼鸥在锯齿海豹粪便中寻找能吃的食物

两只分食阿德利企鹅尸
体的灰贼鸥

在尼克港被贼鸥吃掉的
白眉企鹅雏鸟残骸

些所谓不好的名声也由此流传开来。20 世纪 80 年代初，当我们还在看黑白电视机里播放的南极科考队从前方录制的电视报道时，画面上一只贼鸥落在室外堆放的包装箱上，配有主持人的画外音："它叫贼鸥，是十足的小偷，它几乎什么都吃，考察队员的什么东西都敢偷，鱼头、鸡蛋、罐头肉……"在动物界，其实无所谓人类道德意义上的"偷窃"，在它们看来，蛋就是食物，如果在巢内，那就冒着被啄的危险去吃，如果在巢外，就有可能是孵不出来鸟而被抛弃的，更可以去吃！鸡蛋箱的旁边又没有母鸡看着，那就是被"抛弃"的"坏蛋"，当然可以去吃，这没毛病。

两种贼鸥在鸻形目鸟类中属大型鸟，体长 50—55 厘米，双翅宽大有力，小企鹅从刚出壳到三周大小，它们都可以毫不吃力地叼走起飞。它们往往刚飞出巢区后不远，就迫不及待地把小企鹅从高空中抛弃，摔死在岩石上再肢解吃掉一部分肉（一只贼鸥往往一次吃不下全部企鹅肉）。它们锋利的喙似乎更适合用来从尸体上啄食新鲜或腐烂的肉，

棕贼鸥在白眉企鹅
巢区上空盘旋

而不像大型海鸥那样一下就把整只猎物塞进口中再吞下去。当然，也不排除刚刚孵化的小鸟被吞食的情况，但小企鹅通常在出壳后长得很快，贼鸥大多时候所遇到的猎物对它们来讲，身形过于庞大，因此，它们似乎更愿意借助巨鹱那更为有力的大嘴将小鸟弄死，自己则躲在一旁等待啄食躯干上的肉，而巨鹱的大嘴似乎对扯走内脏的兴趣更大一些。

　　在南极洲的夏天（繁殖季），贼鸥袭击小鸟的现象屡见不鲜。我在库弗维尔岛、丹科岛等几个南极半岛周围的白眉企鹅巢区考察时，

上　　一只棕贼鸥（中）在库弗维尔岛白眉企鹅繁殖群里

下　　在富兰克林岛阿德利企鹅繁殖地休息的一群灰贼鸥

上　吃饱饭，在清澈的海水里洗去身上的血污（棕贼鸥）

下　繁殖期乔治王岛上的一对棕贼鸥（岛上的地衣苔原能与棕贼鸥的羽色融为一体，是它们喜欢的筑巢场所）

每隔几步，总能看到完整的小企鹅尸体或碎片残骸，这几乎都是贼鸥干的。因为企鹅所选择的筑巢地，都是海狮、海豹这类哺乳动物上不去的地方，并且由于速度与灵活性的悬殊差距，海兽在陆地上几乎不捕食企鹅。其实，夏季以小企鹅尸体果腹的鸟类远不止贼鸥一种，巨鹱和几种海鸥都有作案的份，但贼鸥一般是这些"谋杀案"的"主犯"。虽然白眉企鹅的小鸟由父母轮流保护，在雏鸟还小的时候，绝不会有父母都不在巢的机会，但百密也会有一疏之时，贼鸥没事就在企鹅群里转悠（尽管不时被啄）或在巢区上空不太高的地方盘旋，看到哪只亲鸟打盹或精力不集中，就一下降临其侧，用带钩的喙，一下将小鸟钩出巢外，叼起就飞。等亲鸟明白过来时，小鸟已然在半空中了，于是只能徒劳无功地朝天号叫，旁边的邻居也跟着大叫，小范围地引起一阵骚乱……

被贼鸥从高空摔下来的小鸟有时并不会立刻死亡，有的还能在地上跌跌撞撞地爬上一些时日，贼鸥也似乎并不着急立刻下来把它杀死并吃到肚里，而是看一看，就继续伺机去叼新的小鸟了。跌在地上的小鸟自己会慢慢死掉，或者被飞来的其他贼鸥或巨鹱杀死。这样做的结果对贼鸥来说，当然有好的一方面——遍地都是随时可供进食的、肢解好的肉了，尽管有的已经不太新鲜，但它们似乎并不在意肉的新鲜与否。南极半岛的夏季平均温度接近 0℃，天然的冰箱储存天然的冻肉，可以供它们从容取食。

也许在你看来，贼鸥这样的取食方式未免太过残忍了，但在它们眼里，小鸟只不过是简单的食物而已，它们要保证快速、高效、尽可能随时随地获取到食物，毕竟自己的雏鸟此时也正需要这些珍贵的蛋白质以填饱肚皮，南极的夏天很快就会过去，没有简单高效的摄食方法，就意味着在严苛的生存竞争中失败。同时，贼鸥这种看似残忍的猎杀行为，也为身边的其他动物提供了宝贵的食物来源，受益的还有巨鹱、黑背鸥和白鞘嘴鸥等喜欢在地上寻食的鸟。猎物最终只会剩下一副干净的骨架，一点儿也不会浪费，这，就是大自然对资源的合理安排。

白鞘嘴鸥

手机扫码
欣赏精彩视频

白鞘嘴鸥

　　白鞘嘴鸥，因其嘴的上方被一个粗糙的角质鞘遮盖住了鼻子而得名。它是一种总在海滨忙碌的鸟，全身白白的，当它在地上走的时候，和冰天雪地混在一起，很难分辨出来。它不怕人，当你距离它五步远的时候，它可能还在整理"毛衣"；三步远的时候，它在"梳头"；只有一步远的时候，它可能张开嘴打了个哈欠！只有你的脚即将踩到它尾巴的时候，它才扑啦啦地飞起来，吓你一大跳，又在离你不远的地方落下，继续干自己的事……

白鞘嘴鸥的生活离不开企鹅

　　除了人类，我从来没见过还有像白鞘嘴鸥这么溺爱孩子的母亲！在丹科岛，繁殖季已接近尾声，海滩上到处可以见到追着亲鸟疯跑，想得到一口喂食的小企鹅，但它们的父母此时对它们已完全没有了亲情，就像躲开瘟疫一样地避开它们。而在隔壁的悬崖上，一只长得很肥大的白鞘嘴鸥雏鸟，还在张着大嘴，等着母亲把食物塞进它的嘴里。现在是3月初，雏鸟的飞羽已经长齐，体形已经和母亲一般大了，它呆呆地蹲在岩石上，心安理得地看着母亲飞上飞下，把食物一口一口地叼上来喂给它吃。母鸟先是飞到悬崖下面，企图偷偷摸摸地混入白眉企鹅的群体，但很快就被发现了，所到之处，不管是羽翼丰满的成鸟还是乳臭未干的小鸟（此时已经长得很大），都企图俯身啄上她一口，她跑得很快，几乎都躲开了。她远远看见一只企鹅脚下有一坨黄黄的东西，赶忙跑了过去，不顾一切地叼在嘴里，原来那是企鹅粪便中一团尚未消化殆尽的鱿

繁殖季在拉克罗港
观察到一对形影不
离的白鞘嘴鸥

鱼。她一路奔跑着出了企鹅群，又连跑带飞地回到雏鸟身旁，丝毫不顾粪汁已经染黄了自己洁白的羽毛。回到岩台，雏鸟迫不及待地张嘴索食，一口就把那团东西吞了下去。母鸟顿了顿，再一次从岩台上飞了下来，重复刚刚的经历。我注意到，如果企鹅粪便中有未消化干净的小块食物，例如磷虾，它就自己啄食下肚，一旦在粪堆中发现"宝物"，例如一个小鱼头或是鱿鱼的残躯，她便立即叼在嘴里，向岩台上的雏鸟飞去。企鹅的消化道远没有你想象的那么强，大块食物在排出体外之前往往得不到充分消化，还保存着丰富的营养，而自然界是绝不允许有一丁点营养被无故浪费掉的。

在企鹅粪便里找吃的，是白鞘嘴鸥很重要的日常生活。同样都叫"鸥"，但白鞘嘴鸥与它的众多海鸥亲戚不同。所有的海鸥脚上都有蹼，从"自由泳"到"潜泳"，凫水凫得十分老到，虽然它们有时也喜欢待在岸上吃"现成饭"，不是"偷"就是"抢"，但大部分时间还是可以随时下海，借助高超的游泳功夫捕鱼捉虾的。白鞘嘴鸥就不一样了，它们的脚上没有蹼，别说游泳，就是遇到一个小水洼也要绕着走，它们不能在大海里捕食新鲜的鱼和虾，只能在陆地上四处奔走找吃的，但南极洲的陆地上实在是太贫瘠了，不是冰雪就是石头，最"富饶"的地方就是"粪堆"和"垃圾堆"。南极洲有的企鹅栖息地动辄上万只，大的有几十万只规模，众多企鹅在不大的一个区域里排泄，其巢区本身就是个大"粪堆"。"垃

上　比翼齐飞

下　腐烂的海藻堆

垃圾堆"是天然形成的，南极洲没有人类聚居，几乎海岸上的所有"垃圾"都是让海浪给推上来的。那些容易积存杂物的犄角旮旯，日久年深，就会积攒起大堆的"垃圾"，主要是各种海藻的碎片，里面裹挟着的死鱼、死虾、贝类或别的什么动物的尸体，以及在腐烂物质中生长出来的蠕虫，这些都是白鞘嘴鸥喜欢的美食。

现在回想起最初见到它们的样子，一身雪白的羽毛，胖胖的，背着"手"（背拢翅膀的样子）在地上跑，看起来像只可爱的白鸽，等靠近一看，这鸟的面部没长羽毛，裸露着满脸疙瘩的肉粉色皮肤，真的把我吓坏了。现在看来，这与它们喜欢低头俯身在那些"肮脏的地方"寻食有关，一张长着羽毛的脸，的确不利于卫生清理，并且很容易滋生寄生虫。

白鞘嘴鸥"溺爱"雏鸟有图有真相的故事还原：

① 我在丹科岛白眉企鹅繁殖地"隔壁"的悬崖上见到一对白鞘嘴鸥母子

② 妈妈飞了下来

③ 她"冒险"来到企鹅群里走来走去

④ 小企鹅见到幼时的"天敌"（白鞘嘴鸥会偷吃企鹅妈妈的蛋，还会啄食刚刚孵化出壳的小企鹅），不顾一切地上去驱赶，她连忙跑开

⑤ 她见到一团企鹅粪便，高兴地跑过去看了又看，发现里面有尚未消化殆尽的鱿鱼，一下子叼在嘴里

⑥ 她没有把食物咽下肚，而是叼着继续跑

⑦ 又从粪堆里找到一大块

⑧ 这下它的嘴里叼满了食物

⑨ 她叼着食物往回爬山。悬崖是很难攀登的，可是她不怕

⑩ 陡峭的地方爬不上去，她就扑棱两下翅膀，尽管这很耗费体力

⑪ 终于回到孩子身边，孩子忙不迭地从妈妈嘴里接取食物。接不好，掉了一身，还得靠妈妈喂

⑫ 孩子，为了你能快快长大，妈妈继续……

第七章　　　　　飞鸟传　　　　　**263**

黑背鸥

黑背鸥是南半球一种再普通不过的海鸥了，从赤道开始，一直到南极圈附近的各大洋上，几乎到处都能看到它们的身影。大多数种类的海鸥，几乎都在南纬60°以北飞翔。南极洲的天空，被与之形体相仿的鹱科海鸟占据着绝大部分，但黑背鸥的存在，令鸥科这个几乎占据了全球每一处海洋的强势家族在南极洲上空也有了一席之地。据估计，全球的黑背鸥数量超过100万对，超过1%的个体选择在南极洲的南设得兰群岛和南极半岛繁殖。

黑背鸥是一种大型海鸥，体长能达到60厘米，翼展1.4米。它们很凶猛，身为海鸟，却喜欢在陆地上空搜寻吃的。夏季的时候，小鸟、鸟蛋、动物尸体以及别的鸟捉到的鱼……都是它们用以果腹的东西，有时甚至连同类的卵和幼雏也不放过。说它一点都不出海捕猎，倒也有些委屈它，它喜欢在那些浪花能够拍打到的岩石上搜寻一种别人都不爱吃的"小海鲜"当作零食。南极帽贝，是一种一面有壳的软体动物，它的壳有些像我国农民下雨天戴的笠帽，由此得名，它多肉的腹足很有力气，可以紧紧扒在岩石表面，任你用手抠、用脚踢，也很难把它从石头上翻过来。一般的海鸟很少吃这种费老大劲才弄到一口肉的东西，而黑背鸥却掌握了开启这种"肉罐头"的窍门，用它那有力的喙，三下两下就能把帽贝从岩石表面撬下来，扯出贝肉吞下肚去。

繁殖季初期的黑背鸥会换上一身黑白分明的"婚服"，待"新婚"过后，这身衣服便渐渐失去光泽。我曾于11月初在南设得兰群岛的一处悬崖，

上左　一只展翅欲飞的黑背鸥

上右　飞翔的黑背鸥

中　　一只黑背鸥的亚成体

下左　被黑背鸥吃剩的南极帽
　　　贝壳

下右　帽贝有一圈肌肉紧致的
　　　腹足

见过一对刚刚结成伴侣的黑背鸥，那形影不离的恩爱状令人艳羡，它们的"婚服"给我留下了深刻的印象：黑色的双翅如墨染一般，剩下的部分则洁白得一尘不染，尤其是那从脖颈到胸脯的一片白羽，比雪还要白，令人炫目！

上　繁殖季穿着"婚服"的一对黑背鸥

下　南极半岛上的一小群黑背鸥

南极燕鸥

　　南极燕鸥繁殖季的"婚服"是一身远山般的青灰色，从脖颈一直覆盖到尾羽，头部有黑色的"头巾"从眼前一直披到脑后，嘴和腿脚是醒目的鲜红色，既淡雅又娇艳。如果你看过本书的姊妹篇《斯瓦尔巴密码：段煦北极博物笔记》的话，一定会说："咦？这不就是那本书里描述的'北极燕鸥'吗？简直一模一样！"是啊！我曾在那本书中说过，北极燕鸥是世界上飞翔距离最长的鸟，它们于每年北半球的夏季在北极婚配育雏，而到了冬天（南半球的夏季）则会去南极越冬。

左　南极燕鸥的
　　"空中婚礼"

右　南极燕鸥

上左　空中翻转

上右　在水面上伺机发现小鱼

下　　在轮船残骸上观察"渔情"

　　难道这南极燕鸥就是北极燕鸥飞到南极改了名字不成？其实，乍一看，南极燕鸥繁殖季的"婚装"好像与北极燕鸥的一模一样，但如果你了解这两种鸟，仔细看的话，还是会找出些许差别来。和北极燕鸥的繁殖羽相比，南极燕鸥"头巾"的前额部分是黑白斑驳的，拖到脑后的部分比较短。另外，尾羽两侧各有一根较长的羽毛，飞翔起来，犹如古代少女的裙带当风。

　　当然，如果记不住它们这些细微的特征也没关系，尽管在南极的夏天，你可以在南极半岛和南设得兰群岛同时见到这两种燕鸥的身影，但是我可以负责任地告诉你，你所见到的穿着上述"婚装"的燕鸥，都是南极

上 雄鸟用小鱼向雌鸟表达爱意

下左 尾羽的两侧各有一根较长的羽毛

下右 一只在南极"度夏"的北极燕鸥

上　　成群结队飞舞的南
极燕鸥

下　　岩石上栖息着两种
燕鸥

燕鸥。因为，北极燕鸥的"婚装"此时早已卸下，它们在南极的样貌是
一副穿着"冬装"的样子——黑色的头巾仅仅围在脑后，露出白色的额
头，娇艳的红嘴也变成了黯淡的黑嘴，这些北方来客，到这里只是来填
饱肚子越冬的，它们既不谈情，也不说爱，自然也就不用整天穿着"婚纱"
臭美啦！

南极鸬鹚

我曾一度迷恋南极鸬鹚那被宝蓝色眼线围绕的漆黑眸子，犹如净琉璃世界中的神鸟。在它们的面部，集中了全身最靓丽的颜色。在额头靠近喙的位置，生长着一对草莓形、表面没有羽毛覆盖的鼻肉冠，在它们还小的时候（雏鸟和亚成体），这个肉冠并不突出，颜色也是黯淡的灰黑色，待青春期一过，蜕变为成年鸟时，肉冠便开始发色，变为高度明亮的橘黄色，与如同矢车菊般宝蓝色的眼线搭配在一起，形成鲜明的对比。这既是它们成熟的标志，也是身体健康程度的标志，眼线和鼻肉冠颜色的饱和度越高，说明其身体状况越好，求偶时受青睐的机会也越多。

手机扫码
欣赏精彩视频

它们身上的配色方案与企鹅如出一辙，头颈的背侧面、腰背部、翅的大部分和尾羽为黑褐色，下颌、脖子的腹侧面、腹部为白色，以适应水中的生活。每逢繁殖季，雄鸟和雌鸟在额头（鼻肉冠的后方）都会长出一簇明显的冠羽（凤头），雄鸟的相对更长，也昂得更高一些，显得威风凛凛。

南极鸬鹚是一种大型海鸟，体形相当于一只家鸭，体长75—80厘米，双翅伸开，翼展在1.2米以上，体重2.5—3千克，食物以鱼类和头足类软体动物为主，也捕食磷虾等甲壳类，能下潜到25米左右的水层中捕食。在婚配方面，它们实行不太严格的一夫一妻制，平日里，雌雄双方各自在大洋中觅食，每年10—11月，是一年一度的夫妻相会之时，它们会返回位于南极半岛或南设得兰群岛的繁殖地，找到去年的旧巢，共同繁育新一代。

上　南极鸬鹚

下左　南极鸬鹚的头部

下右　繁殖季一对刚结成伴侣的
　　　南极鸬鹚正在"打情骂俏

当然，每年也会有相当一部分成年鸟另觅新欢。在求偶的时候，雄鸟会摇头晃脑地向雌鸟展示自己头上的鲜艳颜色和冠羽，直到被对方接受。夫妻关系一旦确立，它们的任务就是建造或重修鸟巢。南极鸬鹚的巢是以泥沙、粪便为"水泥"，以海藻、羽毛等杂物为"钢筋"建造的火山锥样的巢台，这可比企鹅的巢要复杂得多，也结实得多。雌鸟会在巢中产 2—3 个蛋，轮流孵化 4—5 周后，小鸟便出壳了，经过 6—7 周的哺喂，小鸟会长齐飞羽，离开巢台，前往海边，结成"青少年群体"去过集体生活。

上左　空中飞翔的一对伴侣

上右　南极鸬鹚的巢

下　　白眉企鹅巢区的"制
　　　高点"被南极鸬鹚
　　　占据

观察南极鸬鹚筑巢是件有意思的事情。在靠近拉克罗港英国科考站的一个小岛上，我曾目睹一只刚成年的南极鸬鹚在水面上游泳，忽然它一头钻到水下去了，过了很长时间，才从不远处钻了出来，嘴里叼着一大丛海藻，欣欣然抖了抖身上的水，起身飞去。我注意到，不远的岛上就

有它们鳞次栉比的巢。在南极半岛，适合海鸟筑巢的地方不多，平坦浑圆、夏季表面无积雪的岩石岛屿是它们的首选，但往往这样的地方也被白眉企鹅看中，这就出现了中心制高点是南极鸬鹚的巢区，四周都是白眉企鹅巢区的情况。它们之所以能够在一起筑巢，我觉得主要是没有"建筑材料"方面的纠纷，对于企鹅视若珍宝的石子，这些飞翔的大鸟连看也不看一眼。

由于能飞的缘故，南极鸬鹚也喜欢在不被企鹅看中的陡峭悬崖上筑巢，只要有一个落脚点，就能堆一个圆圆大大的巢出来。粪便是绝妙的黏合剂，用海藻与粪便堆起来的大巢结实耐用，能够在南极凛冽的寒风中长年不倒。

左 从水下叼来筑巢的海藻

右上 建在悬崖峭壁上的巢

右下 一只年轻的南极鸬鹚正在享受夏日的阳光

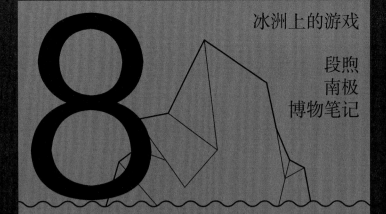

8

第八章

自然
人文风景与
冰雪奇观

Antarctic
Peninsula

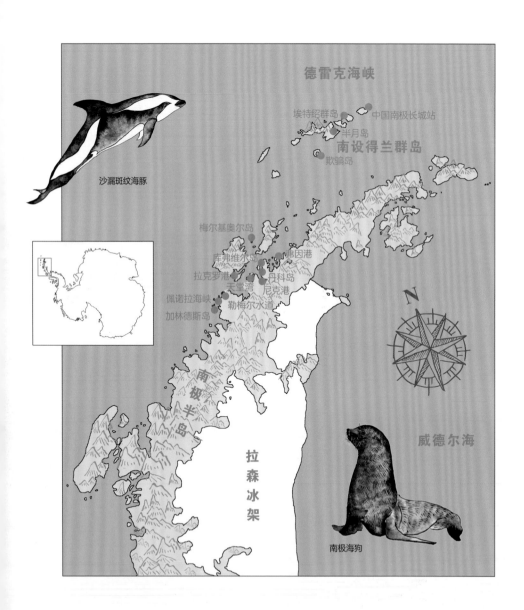

德雷克海峡

埃特绍群岛　　中国南极长城站
　　　　　　半月岛
沙漏斑纹海豚　　　　南设得兰群岛
　　　　　　　欺骗岛

梅尔基奥尔岛
库弗维尔岛　　　　弗因港
拉克罗港　　　　丹科岛
　　天堂湾　尼克港
佩诺拉海峡　勒梅尔水道
加林德斯岛

N

南极半岛

威德尔海

拉森冰架

南极海狗

弗因港

手机扫码
欣赏精彩视频

上　在弗因港搁浅的
　　"戈文伦号"

下　弗因港锚地

左　船头一侧

中　倾覆的船体

右　如今的"乘客"

　　眼前的样子，令我仿佛看到了 100 多年前的那天——1915 年 1 月 27 日，南极半岛的捕鲸季终于结束了，挪威捕鲸船"戈文伦号"（Govenoren）的底舱里已装满整桶整桶的鲸油，筋疲力尽的人们一想起即将回到母港时的情景，就按捺不住内心的兴奋。今年的捕鲸行动空前成功，这些油桶只要往码头上一摆，老板就会给他们结算工资，还有额外的奖赏（当然，这也都是事先说好了的事）。他们仿佛已经看到了成堆成堆金的或者银的克朗正等着自己把它们抓进钱袋，于是妻子儿女头上就有了新头巾或新帽子，那切得厚厚的牛排也会在厨房的平锅里吱吱作响……

港湾中的锯齿海豹

　　为了庆祝这来之不易的大丰收，船长在一番深思熟虑之后，终于同意大家在船上搞一场派对，并把船舱里的存酒都拿出来。是啊，拼命干活的日子已经过去，轮船即将返航，没有理由不让这些背井离乡的苦汉子们在这个时候喝个痛快。就在大家狂醉欢娱得有些醺醺然的时候，不知是谁失手打翻了舱里的一盏油灯，尽管这是一艘铁皮船，但船舱里的大部分结构还都是木头做的，火苗顿时舔着灯油在这些易燃物中燃烧起来。更糟糕的是，明火引燃了底舱内盛满鲸油的木桶，成千上万加仑的鲸油一下子成了助燃剂，在舱底流成一片火海。有经验的船长目睹着眼前的一切，已知救火无望，唯一的信条就是大家都活下去，他驾驶着浓烟滚滚、熊熊燃烧而动力尚存的火船，将它从深海的一头扎向岸边的浅滩。随着触底引起的巨大震颤，船停在了浅水之中，船员们忙不迭地放下小艇，迅速向不远的海岸划去。所幸的是，船上的 85 个人无一伤亡，虽然眼睁睁地看着宝贵的劳动果实与大船都化为乌有，但好在大家全都保住了性命，最终，全体船员都被附近的另一艘捕鲸船救出，回到了祖国。

　　这艘轮船搁浅的海湾叫弗因港（Foyn Harbor），我曾在一个无风晴朗的上午在其间泛舟畅游。这里的水质非常洁净，刺目的阳光洒在海面上，海水呈现出宝石般的蓝绿色，水下十几米深的海底，白沙、石子和帽贝，都可以看得清清楚楚。海湾两侧岩石上有很多白眉企鹅、南极燕鸥和南极鸬鹚的巢，水中成群游弋着灵巧的锯齿海豹，俨然一个天然南极动物园。

尼克港

　　尼克港（Neko Harbor）的名字来自20世纪初一艘名叫尼克（Neko）的挪威捕鲸船，据说这艘船在这一带"盘踞"了好多年。尼克港是安德沃德湾（Andvord Bay）深处的一片小港湾，其海滩是南极大陆的一部分。

　　在每年11月至次年3月的南极旅游季，几乎每天都有邮轮载着大量旅客来到这里，以满足人们把两只脚踏在南极大陆上的愿望。当然，邮

安德沃德湾周围的雪峰

轮公司的船队也不仅仅是带游客到南极大陆"到此一游"那么"功利"和"形式化"，这儿的景色实在是好，一方面，港湾远离开放的洋面而变得风平浪静，另一方面，这里有绮丽的山峰和旖旎的风景，尤其是镜面一样的碧水倒映雪山的景象，令人们流连忘返。从尼克港的海滩往上走，可以登上一座覆满冰雪的山顶。这处冰川与南极大陆冰盖相连，意义自然非凡。它还有个妙处，就是站在高高的冰穹上可以望见下面一处入海的冰舌。冰舌是冰川消融的部分，冰川流到海里，受重力的影响和海浪的冲击，大冰块就会不断从冰舌上断裂下来，成为冰山漂走。因此，这里经常会听到大冰崩发出的轰鸣声，人们在山顶上循声望去，在一片白雾过后，一座冰山在海面上诞生……

库弗维尔岛

库弗维尔岛（Cuverville Island）在南极半岛北部的埃雷拉海峡中，地理坐标南纬 64° 40′，西经 62° 37′。这里是一万多对白眉企鹅的繁殖地，也是我最初在南极观察企鹅的地方。这里不仅有种类丰富的动物，南极洲仅有的两种被子植物（也称有花植物或显花植物）中的一种——禾本科的南极发草（另一种是石竹科的南极漆姑草）在这里也有生长。另外，我在本书第五章企鹅传"白眉企鹅"一节中对这个岛屿有详细描述（参见 P108）。

早春的库弗
维尔岛

上　库弗维尔岛岩石
　　上生长的地衣

下　地球上分布最南
　　的有花植物——
　　罕见的南极发草
　　在碧绿的苔藓床
　　上茁壮成长

丹科岛

丹科岛（Danco Island），长 1.6 千米，其最高点也只有 130 米，也是埃雷拉海峡中的一座小岛，位于南纬 64°43′，西经 62°36′。其发现时间在 1897—1899 年，由途经这里的阿德里安·维克托·约瑟夫·德·杰拉许（Adrien Victor Joseph de Gerlache）率领的比利时南极考察队将其绘制在海图上。1955 年，英国南极地名委员会以杰拉许南极考察队成员、比利时地球物理学家埃米尔·丹科（Emile Danco）的名字命名，他在那次探险途中因受困于冰水中而去世。英国人曾在这个岛上建立过科学考察站，但后来关闭了，现在这里是埃雷拉海峡中除库弗维尔岛之外的另一处白眉企鹅栖息地，但规模较小，有不到 2000 对企鹅在这里筑巢。我

丹科岛宽大的海滩

上　　岛上有白眉企鹅
　　　繁殖地

下　　丹科岛海岸上有
　　　很多绿藻生长

曾在岛屿海滩上观察过这些企鹅，环境很好，既有冰川融出的淡水池塘
供小企鹅们学游泳，近岸又有礁石环绕的浅海池塘供它们"实习"海上
生存技巧。

岸上有很多绿藻生长，盛夏季节，山坡上绿油油的，光滑的岩石海
岸十分适合南极海狗栖息，白鞘嘴鸥、南极鸬鹚也喜欢在这个岛上营巢。
有关我在这个岛上观察小企鹅的故事在本书第五章企鹅传"白眉企鹅"
一节中有详细描述（参见 P123）。

天堂湾和布朗上将站

手机扫码
欣赏精彩视频

很多人问我：南极好玩不好玩？将近 40 小时（现在要短一些，并且还可以乘坐飞机从空中跨过这段航程）风浪区的颠簸到底值不值得？我曾说，只要忍过那几十小时，过去了，就是童话般的世界。所谓的"童话世界"，天堂湾（Paradise Bay），绝对要算一处。

上　航拍天堂湾

下　静谧雄奇的世界

天堂湾是南极半岛西海岸和勒梅尔岛（Lemaire Island）、布莱德岛（Bryde Island）围成的一个宽湾，湾内水面平静，夏季少浮冰而多冰山，如镜的海面倒映着四周的风景，美若仙境，被19世纪末20世纪初来到这里的捕鲸人以天堂港（Paradise Harbor）相称，这也是它在地图上标定的正式名称，自1920年开始使用。天堂湾是邮轮南极半岛航线的"必到"之处，除可在湾中游弋外，这里还有登陆点，即位于南纬64°53′，西经62°53′的阿根廷布朗上将科学考察站（Almirante Brown Station）。

这个科考站以被誉为"阿根廷海军之父"的威廉·布朗（William Brown）的名字命名，目前共保留有9座建筑物，都是涂装成鲜艳橙色的坡顶小屋。这个科考站自1951年4月开站，运营维护工作一直持续到1984年。最初用于军事，为布朗上将海军支队的基地，随着1961年阿根廷与英、美、苏、澳、法等国签署的《南极条约》生效，该条约将南极洲作为科学保护区，禁止在南极洲范围内进行军事活动，阿根廷遂于1964年在该基地建立了一个以极地生物学为主要研究对象的实验室，并更名为科学考察站。

上　　"天堂"一角

中　　湾内的雪峰

下　　夕阳下,周围风景如
　　　梦如幻,犹似仙境

上　　布朗站就在这片断崖之下

下　　站区全景

都说这里是天堂，但即使是天堂，如果仅有美景，而没有其他人类的"生活要素"，人这种极其脆弱的动物也会瞬间崩溃。今天，凡了解那里的人们都在津津乐道这个站运营到最后一年的一则故事：1984 年 4 月 12 日，参加越冬蹲点儿的驻站医生——我们姑且叫他"老王"，好不容易蹲满了一年的"刑期"，即将被"释放"回家，就在这个关键时刻，忽然从国内传来一个几乎令他瞬间昏厥的消息——由于医疗人才紧俏，上峰叫老王还须在这儿再待上一年！老王一下子崩溃了，放了一把火点着了考察站，让全站上下都陷入缺衣少食、无处安身的境地……后来，老王的愿望终于实现了，船来了，他和大家一起回到了温暖舒适的家，这个站最终也因各种原因而被放弃。再后来，阿根廷科考队按原样重修了一些建筑，使这里成为游客拍照的一处著名景点。

上　白眉企鹅在站区繁殖

下　一年中大部分的时光，站
　　区四周几乎都被积雪覆盖

　　现在，这个站几乎完全被白眉企鹅"占领"了，站房成了它们的"挡风墙"，被损毁的房基成了平整舒适、排水性良好的筑巢地，每年数以百计的小企鹅在这里出生、长大、游向大海。附近的"布朗断崖"还是著名的风景点，断崖顶部的雪坡不高，正好可以供邮轮乘客在有限的登陆时间内爬上一处制高点俯瞰美丽的天堂湾。

　　需要特别说明的是，这个登陆点也是南极大陆的一部分。如果时间充裕，有机会在布朗站周边的海湾中乘坐小艇巡游一圈也是十分不错的——周围经常漂浮着美丽的冰山，附近断崖的峭壁上有不少南极鸬鹚的巢，而有一处悬崖，由于蕴藏铜矿的缘故，那里的岩石居然呈现出鲜艳的孔雀蓝色。

拉克罗港

在南极半岛以西 14—45 千米的海中，分布着一连串大大小小的岛屿，这些岛屿的排列方式与南极半岛的走势相平行，呈一个弧状，这个岛弧就是著名的帕尔默群岛（Palmer Archipelago）。该岛弧自发现之日起，就一直是各国探险船、捕鲸船、狩猎船（主要猎物是海豹）、科考船往来穿梭的战略

手机扫码
欣赏精彩视频

要地，这里是南极洲除南设得兰群岛以外，另一处科学考察站密集地带。英国第一个永久性南极科考站——英属基地 A（British Base A）就设在这片群岛最令人羡慕的地方——拉克罗港（Port Lockroy）。这是一处群山环绕的避风港，位于维恩克岛（Wiencke Island）附近，有三条航道在这里交汇，同时这里风光秀丽，生物物种丰富。

英属基地 A 的全部建筑都建在港湾中面积约 1 平方千米的古迪耶岛（Goudier Island，南纬 64° 49′，西经 63° 30′）上，其主要建筑物——布兰斯菲尔德小屋（Bransfield House）始建于 1944 年，在 1952 年和 1953 年先后进行了扩建，1958 年又添建了发电机棚。这个基地一直运营到 1962 年，后曾一度荒废。1996 年，人们在这里复原了当年站员生活和科学考察与实验的场景，改建成为一个涵盖商店和邮局的小型博物馆，由英国南极文化遗产基金会（National Antarctic Heritage Trust）管理，以供日渐增多的南极游客参观、购买纪念品和办理邮政业务。现在，这里是南极半岛最热闹和最受欢迎的旅游点之一，在夏季，几乎每天都有至少

两班邮轮在海湾中停靠。

目前开放的站房——布兰斯菲尔德小屋里大概拥有 2500 多件物品，没有展柜，大部分物品是按照原先驻站队员在的时候摆放的，例如大的家具、取暖炉具、打字机、通信器材、厨具、贮存的食品和盥洗用品；生活物品和衣物则被摊在床上，旁边配以标签。这样的展陈效果倒也自然，参观者可以毫无障碍地抵近观察。由于至此的游客素质普遍比较高，目前还没听说有丢失展品的情况发生。

由于邮轮的停靠时间短（每班最多不超过 3 小时），人们总是在复原展区匆匆一看或留张影，便踱进拥挤的纪念品店去买有南极标志的冰箱贴、纪念币、马克杯、T 恤衫、企鹅毛绒玩具以及邮票、首日封和明信片。所购买的邮品可以当场盖上纪念戳，投入印有英国邮政标志的红色邮筒里寄往世界各地。尽管这些邮品可能会在海上漂上几周、几个月或更长时间，但人们都愿意等待。在每年的旅游季，这里的工作人员会向 100 多个国家和地区发送 7 万多张明信片，所收取的美金、英镑和欧元都用于南极文化遗产的保护。

拉克罗港英国基地
（布兰斯菲尔德小屋）

上左 当年的科考队员起居室

上右 游客可以自己在购买的明信片上加盖纪念戳

下 1944 年兴建的尼森小屋（Nissen Hut），作为基地的储物间，曾于 1990 年倒塌，2010 年复建，以供季节性的科考队员使用。目前不对外开放

　　在室外，一项以研究"人类活动与野生动物栖息地相互影响"的科研项目每日都在进行，这让每一位光顾这里的人都有幸成为该项目的参与者。该项目缘于站址周围生活的白眉企鹅。在基地建成并运营的几十年间，这里并没有白眉企鹅的繁殖群。而到了 1985 年，人们发现这里已悄然形成了一个初见规模的繁殖地。自 1996 年博物馆建成到现在，尽管与繁殖季完全重叠的旅游季每日都有大量游客上岛，但这些企鹅非但没有被惊扰，每年出生的小企鹅成活率还均呈稳定趋势。科研工作者们对这些企鹅的繁殖行为进行年度监测和对照，其结果表明，人类活动对它们的繁殖并没有产生明显的影响。这当然是非常好的消息。作为对企鹅

栖息地的保护，站址所在的古迪耶岛一半以上的面积禁止工作人员和游客进入。但白眉企鹅的巢区也并非只在"游客止步"的区域，在人来人往的登岛小径周围，布兰斯菲尔德小屋的地基、墙角，到处可以见到这些摇摇摆摆的胖鸟在无数过往的人腿之间毫无避讳地筑巢、交配和育雏。毛茸茸的小企鹅从一出生便每日接受无数镜头的洗礼，直至它们成年游向远海。

上左 站区也是白眉企鹅的巢区

上右 地基与地面的孔隙是最好的巢址

下左 两只企鹅越过"禁区标线"来到"游客区"

下右 有时屋外明明没人，却会传来敲窗户的声音，原来是白鞘嘴鸥在用喙捶打玻璃

勒梅尔水道

　　如果你是来南极拍摄风光片的，在勒梅尔水道（The Lemaire Channel）能赶上一个好天气，那么你太幸运了，即使你第二天就打道回府，也算不虚此行了。这条水道在南极半岛与布斯岛（Booth Island）之间，南口位于南纬 65°06′，西经 64°00′，北口在南纬 65°03′，西经 63°54′，是南极半岛"性价比"最高的风景点之一。在胶片摄影时代，这条仅 11 千米长的细小海峡曾被人们冠以"柯达谷"（Kodak Gap）的称号，意思是摄影师们在这条海峡里"谋杀"的胶卷无以计数。我曾在 7 年间几度途经于此，既看到过它云遮雾霭、水空氤氲的样子，也曾在朗日晴空之

左　　船只可以抵近海岸观
　　　　赏曼妙的风景

右　　拔地而起的山峰

时轻舟泛过，收获了大量美好的回忆。这里浓缩了南极半岛最好的山水风景，其原因为：南极半岛的风景本身就好，这里的山与南美洲荡气回肠的安第斯山如出一辙（现代地质学普遍认为，在中生代的时候，南美洲与南极半岛山水相连，南极半岛是安第斯山脉的延伸），属年轻的褶皱山系，历经多次褶皱、抬升、断裂、岩浆侵入和火山活动的塑造，剥蚀和风化的年代也较短，表面虽有冰川侵蚀雕凿的痕迹，但相较于极地其他地区要小得多，因此，雄奇与伟岸就成了它们本来的风貌。更加难

上　　狭窄的水道

下　　峰丛林立

上　　云遮雾霭

下　　峭壁陡立

得的是，勒梅尔水道很窄，即使是最宽处，也仅有 1600 米，而水深又足以承托起巨大的邮轮在内航行，山高水窄的地势犹如长江三峡、挪威峡湾或桂林山水那样，陡峭的山峰从水面上力拔而起，造就出神奇的视觉效应，行走其间，会感到这些奇峰峻岭更加高大和宏伟，堪称南极版的"十里画廊"。

佩诺拉海峡

出勒梅尔水道南口再继续向南，会有一道更宽的水道——佩诺拉海峡（Penola Strait）与之衔接。此水道虽较前者宽阔，两岸的山峰也没有前者那么削立尖耸，但风景并不输前者，由于其地势更为靠南，水况、冰情也更加复杂，足令一般船只望而却步。正是由于这些原因，使它在游客心中更显神秘，吸引了全球众多顶级摄影爱好者不惜采取各种方法执意前往。佩诺拉海峡是位于南纬65°附近的一条水道，东侧为南极半岛，西侧海岸线从北向南分别由培雷诺岛（Pleneau Island）、霍夫加德岛

风平浪静时的
佩诺拉海峡

群峰夕照

（Hovgaard Island）、彼得曼岛（Petermann Island）和阿根廷群岛（Argentine Islands）组成，全长约 20 千米，平均宽度约 3.8 千米。水道南部海岸上分布着多条巨大的复式冰川，整日向阿根廷群岛海域输送大量冰山，而到了彼得曼岛东侧海域时，水道忽然变成窄而浅的"漏斗"，于是，海面上漂浮的大量冰山便扎堆搁浅在"漏斗"的狭窄处。冰山在水面以上的部分不断被风雨侵蚀，底部又受到海流的冲击，这些因素像一把把雕刻刀，将这些巨大的冰块雕凿得奇形怪状、各具情态，俨然一个阵容庞大、造型水平高超的"冰山雕塑展"。这里地处南极圈的外围，是南极洲夏季浮冰线的北部边缘地带，只有高冰级的抗冰船才可以趁暖季末尾（2—3 月）的"窗口期"穿越。我曾经于 3 月初的一个傍晚途经于此，当时天气良好，夕阳的余晖把两岸的山腰打扮成金黄色，大群大翅鲸在各色造型奇特的冰山间往来穿梭、喷汽、举尾、翻身，偶尔有一两只南极海狗在水面上跳跃。天空中，一小群南极鸬鹚从彩色的云霞中穿过。此时正值晚餐开饭，饿了大半天工夫的我，在餐厅服务员的屡次催促下也不为所动，尽情饱览其中醉人的风景。

上　红霞映雪

中　岿然独立

下　风光如画

加林德斯岛及乌克兰维尔纳茨基站、英国沃迪小屋

加林德斯岛（Galindez Island，南纬65°14′，西经64°15′）周边是一组群岛环绕的半封闭水域，那里风平浪静，气候宜人，就像个天然的南极动物园。大量的海兽在那儿觅食，大群的白眉企鹅在那儿繁殖。锯齿海豹在冰间出没，威德尔海豹趴在浮冰上休息，小群的南极海狗喧闹打斗，天空中飞翔着南极燕鸥、巨鹱和雪鹱，一片安乐祥和的景象。在积雪融化的岩石上，大团大团的苔藓显露出一年中最靓丽的颜色，为冰冻世界带来一抹浓绿。

生物资源丰富的加林德斯岛
是南极半岛著名的科考圣地
和旅游点

上　加林德斯岛那些繁复的港汊里积存了
　　大量隔年海冰、搁浅的冰山，成为海
　　豹的乐园（远处建筑为维尔纳茨基站）

下　浅浅无浪的小海湾是白眉企鹅幼鸟的
　　天然游泳池

上左 夏季里，平静的港湾和丰富的食物吸引了大量南极海狗

上右 加林德斯岛上的苔藓群落

下 乌克兰维尔纳茨基站

　　海流和风浪把大量冰山都堆积在狭小的港湾里，温暖的空气是双"看不见的手"，把它们塑造成各种各样的造型。岛上发育了完美的盾状冰盖，驾着小船在港汊中游弋的时候，可以看到其堆积的层理。

　　在岛屿的西端，能看到几间灰绿色的站房，那是乌克兰的维尔纳茨基南极科考站（Vernadsky Station）。这个站原本是英国的法拉第南极科考站，该站因首次发现了南极洲上空的臭氧空洞而闻名于世。1996年，英国以1英镑价钱把这个站卖给了乌克兰，以减轻政府的财政负担。

　　目前，乌克兰在这里主要从事气象、大气物理、地磁、生物等方面的研究，不过来访的客人一般并不关心他们在研究什么。这里是最靠近南极圈的一座大型人类居住点，有对外开放的酒吧和商店，他们到此，绝大多数都是来购买"到南极圈一游"的旅游纪念品、明信片的。吧台里的伏特加酒特别有名，有名的原因并不是那酒有多醇香，而是驻守在那里的汉子们想出来的一条用来打发孤寂时光的"规矩"：在参访的游客中，如果哪位女士能当场解下自己的胸罩永久地挂在吧台里，就能换一杯酒喝。每每有人肯做出如此豪放之举的时候，人们也会报以欢呼、歌唱或者舞蹈，让每一个在场的人唏嘘感慨这些远离家乡、亲人、异性的极地工作者，在寒冷、孤独中的脆弱与顽强。

距离维尔纳茨基站仅几千米之遥的一座小山脚下，还有一座人类建筑，它就是"法拉第站"的前身——英国的沃迪小屋（Wordie House），这名字来源于沙克尔顿领导的1914—1917年南极考察的首席科学家詹姆斯·沃迪（James Wordie）。这组黑色的建筑是一座典型的英伦海滨小屋，始建于1947年，最初仅仅由厨房和居室组成，可同时容纳4—5个人在此驻扎。

1951年，英国政府对这组建筑进行了扩建，增加了发电机房、办公室、商店和卫生间。目前，这个基地被当作重要历史遗迹保存了下来，由英国南极文化遗产基金会维护，平时这里大门紧锁，只有邮轮公司或探险

英国沃迪小屋

上　　海湾中大量搁浅的冰山被夏季
　　　温暖的天气"雕琢"成各种奇
　　　异形态

下　　站在冰丘顶，远望阿根廷群岛
　　　犹如美丽的青螺

队事先预约，才能联系到拿钥匙的人——维尔纳茨基站的站长，大门才会打开，供人们到里面看一看20世纪中叶英国人在此生活和工作的一些遗迹。这里的商店早已歇业，倒更像是一个平时无人值守的小型博物馆。值得一看的还有，小屋的身后有一个大冰丘，是这座岛屿的制高点，登上去可以饱览整个加林德斯岛，维尔纳茨基站与沃迪小屋分列在冰丘两侧，远处可以望见阿根廷群岛犹如几只美丽的青螺，摆放在碧玉盘一般的别林斯高晋海中，其间还装点着不少千奇百怪的冰山。

上　波痕细节

下　维尔纳茨基站旁的一座
　　冰山

冰山受到挤压在水中树立起来，
显露出带有波痕的底部

欺骗岛

欺骗岛（Deception Island）曾被誉为"地球上最不可思议的岛屿"。它的奇特和不可思议在于，岛屿的形状呈环状，像一个奶油甜甜圈，圈中还套进去一片海，靠东南方向的地方有一个豁口，就像被谁咬了一口似的。冰天雪地的环境中凭空有了一个外形奇特的岛屿本身就很奇妙，但这还不算，那个"像被谁咬了一口"的豁口不大不小，恰好可以开进一艘数千吨级的南极邮轮，圈中套进的那片海不深不浅，恰好可以停泊一艘那样规格的船。这个岛既有戴着皑皑雪帽的山峰，又有细软平坦的沙滩、浅浅平静的潟湖，还有呼呼冒着热蒸汽的温泉，另外还是世界上最大的帽带企鹅栖息地……总之，太多太多的不可思议，全都集中到了这个岛上。

欺骗岛属于南设得兰群岛的一部分。南设得兰群岛是一组居于南极半岛北侧的岛屿，这组岛屿为东北—西南走向，呈弧状分布，欺骗岛位于岛弧的南部（南纬 62°57′，西经 60°38′），之所以会有甜甜圈似的造型并不难解释。因为这是一座火山岛，中央火山口因爆炸性的大喷发使得火山顶崩塌、陷落，形成了一个巨大的破火山口，而后灌进去了海水。它名字的由来也由于这样的地貌。它最早由美国的海豹猎人纳撒尼尔·帕尔默（Nathaniel Palmer）在 1820 年 11 月 15 日看到，他驾驶的单桅帆船"英雄号"（Hero）在那儿待了两天，并进入到火山口的内部。帕尔默给它取这名的含义是缘于从它的外围看还以为是个正常的岛屿，而当他的船进入豁口，来到火山口内的时候，才知道自己"上当"了——这是一个

上　欺骗岛一角

下　火山地热使某些区域的海水表面蒸汽缭绕

奇特的环形岛屿。此外，还有一种说法：几个到南设得兰群岛碰运气的渔人（也可能是猎手）在去途的时候偶然在这个位置的海中央发现了个岛屿，等他们回来时，但见大雾弥天，那个岛却无影无踪，海面上就跟什么都没发生过一样。之所以会这样，是因为那个年代，欺骗岛火山还十分活跃，大量释放的地热与周围的冷空气交汇，使岛屿被水汽所包裹的缘故。当然，关于帕尔默是否为这个岛的最初发现者，目前也有争议，英国人说早在1820年1月，英国的海豹猎人威廉·史密斯（William Smith）和爱德华·布兰斯菲尔德（Edward Bransfield）就看到了该岛。

我曾两度通过狭窄的豁口——"海神的风箱"（Neptune's Bellows）进入火山口，里边这片不大却足够深的水域被命名为福斯特港（Foster Port）。通过冲锋舟，访客可以前往火山口内两处对外界开放的"景点"——泰勒丰湾（Telefon Bay）和鲸湾（Whalers Bay）。

泰勒丰湾以自然风光取胜，那里有一条火山灰堆成的山脊，访客踩着厚厚的火山灰到达海拔100米处的一处旧喷口，沿途可以观察到各种颜色的火山渣、火山弹、"天然玻璃"等喷发物，这些喷发物向人们诉说着并不平静的故事。据勘测，大约在一万多年前，一次较为剧烈的爆炸性喷发从今天被称为福斯特港的主火山口喷出了大约30立方千米的熔岩，一部分熔岩覆盖并堆积在主喷口的周围，致使你今天看到欺骗岛

上、中 被火山灰覆盖的冰川

下 冰层中的火山灰记录
下每次火山爆发的规
模与间隔时间

上 福斯特港

下 我们正穿越"海神
的风箱"。右侧独
立在海中的岩石被
称为"海神柱",
这一侧是南大洋外
海;左侧是火山口
内部的福斯特港

上　　欺骗岛内部的
　　　一个火山口

下　　不同颜色、密
　　　度的火山渣

的表面都是崭新的岩石和火山灰，几乎看不到一点风化的痕迹。欺骗岛火山在18—19世纪变得特别活跃，曾有几次中等规模的喷发，由于每一次喷出的火山灰都会有一部分降落在冰川表面，因此这些喷发都被记录在冰层里。在泰勒丰湾海岸上的几处冰川横截面，你可以清晰地看到冰层中有黑白相间的条纹状层理，那黑色的一层就是当年火山喷发的记录。

进入现代，欺骗岛火山依然不太安分，1906—1910年间，以及1967—1970年间，曾有两个较短的活跃期。其中，1967年12月4日的喷发摧毁了岛上所有的人类建筑物，包括英国、智利、阿根廷的科研基地和挪威的鲸油加工厂，19世纪末至20世纪初的一些人文历史遗迹也被埋藏在火山灰下。自20世纪90年代以来，欺骗岛及其周边海床上的地震活动日趋频繁，岛屿地面变形以及福斯特港内的水温也时有升高，这都说明欺骗岛火山现在仍然处于活跃期。

鲸湾是以保留了大量被火山喷发破坏了的建筑残迹著称的景点。那里曾是全岛历史最悠久的捕鲸基地，许多支捕鲸队都曾在此设立过营地或鲸脂加工厂，目前这里的海滩上依然能看到散落在地的鲸鱼骨、未经拆除的捕鲸船和建筑物残骸，以及锈迹斑斑的巨大鲸油罐。

此外，火山环内还有柯林斯角（Collins Point）、钟摆湾（Pendulum Cove）、池塘山（Mount Pond）等十余个地质点或植物点也值得一看，但这些地方目前均已纳入保护区范围，进入这些保护区需要有特别的许可，除非科研人员，一般访客是很难申请到的。值得一提的是，位于欺骗岛火山环外侧东南方的贝利角（Baily Head），那里的环境几乎没有受到过人类的干扰，是个非常值得一看的野生动物栖息地，就是前面所提到的全球最大的帽带企鹅栖息地，大约10万对帽带企鹅在那里繁殖。该角附近的一个旧火山口成了理想的避风港，每当繁殖季来临的时候，可以看到火山口里满是筑巢的企鹅，到处都是它们震耳欲聋的吵闹声，刺鼻的粪臭味也会令你终生难忘。之所以没被人类过多干扰，是因为贝利角面朝风浪肆虐的南大洋，大多数船舶无法在此停泊，即使勉强停泊，由于处于风浪之中，冲锋舟等小船也很难投放至水面载客，同样由于风浪的因素，冲锋舟登陆的危险性也很大，令一般邮轮望而却步。

左　火山喷发时的爆炸令
　　火山口壁缺损

右　鲸湾远眺

半月岛

半月岛（Half Moon Island，南纬 62°35′，西经 59°56′）在南极半岛以北的南设得兰群岛之中，靠近利文斯顿岛（Livingston Island），长、宽各近 2 千米，制高点海拔仅 101 米。阿根廷的卡马拉站位于岛屿的中部，周围的海滩和小山都是帽带企鹅的繁殖地，有 3000 余对，另外还有黑背鸥、南极燕鸥和南极鸬鹚的巢。该岛的详细情形在本书第五章企鹅传"帽带企鹅"一节有详细的描述（详见 P128）。

手机扫码
欣赏精彩视频

前排两座深色的小山和中间一段低平的海滩就是半月岛，远处的高山属于利文斯顿岛

上　　岛上的帽带企鹅

下　　半月岛海滩

上　从半月岛看利文斯
　　顿岛

中　建在岛上的阿根廷
　　科考站

下　冰川侵蚀作用形成
　　的巉岩

埃特绍群岛

埃特绍群岛（Aitcho Islands）是南设得兰群岛中的一组小群岛，在南纬 62°24′，西经 59°44′ 附近，与格林威治岛北岸的厄瓜多尔南极科考站——佩德罗·维森特·马尔多纳多站（Pedro Vicente Maldonado Station）隔海相望。这里的夏季气候温暖、湿润，海水中的丰富饵料吸引着大量野生动物

手机扫码
欣赏精彩视频

来这里生活。19 世纪就有大量渔猎船只在这一带从事猎杀鲸和海豹的活动。1935 年，英国的"发现二号"（Discovery Ⅱ）远征队为纪念英国海军部水文局（Admiralty's Hydrographic Office）的贡献，以其名称缩写为它命名。巴林托斯岛（Barrientos Island）为埃特绍群岛的主岛，尽管它是群岛中最大的岛屿，也仅有 1.7 千米长，总面积 0.7 平方千米，最高点的小山高 70 米，夏季无冰雪覆盖，西端露出柱状的玄武岩，揭示出这组群岛因火山喷发而形成。

晨曦中的群岛

这个岛屿的最大特点就是"绿"！我曾于夏末季节登临过这个岛屿，满眼的绿色曾让我诧异这里到底还是不是南极洲？要不是无处不在的帽带企鹅总在你眼前蹒跚过往，你也许还真会认为这里已地处温带。让大地遍布绿色的原因是地面上生长着一种叫作南极溪菜（*Prasiola crispa*，绿藻门溪菜目）的藻类，就是本书前文多次提到的那种能使南极海岸变绿的淡水陆栖藻，这种生物可借助积雪融水、肥沃的企鹅粪便和光合作用制造的养分在陆地上大肆生长。很多帽带企鹅在这里繁殖，也有少量白眉企鹅，它们在岛屿海拔较高的地方营巢，岛屿的南部有北方巨鹱的巢，南象海豹、南极海狗、威德尔海豹和锯齿海豹也经常会出现在离岸不远的海滩上。

中国南极长城站

在南极，呼叫"Great Wall（长城）"是一件极其令人兴奋的事，一旦呼叫上了，就可以听到乡音，这对在海上漂了好多时日的中国人来说，是多么的激动人心呀！长城站（Great Wall Station）是我们国家在南极洲建立的第一个科学考察站，在南极圈以外，位于南设得兰群岛最大的岛屿——乔治王岛（King George Island）西南端的麦克斯韦尔湾（Maxwell Bay）沿岸，地理坐标南纬 62° 12′ 59″，西经 58° 57′ 52″。

长城站，是一座丰碑。在西方列强和东洋强盗肆意横行的旧中国，对于南极，中国人尽管有探索的欲望和冲动，也只有"望洋兴叹"。中华人民共和国成立后的 1957 年，我国著名地理学家、气象学家，现代地理科学与自然资源综合考察事业的奠基人竺可桢先生发出掷地有声的声音："中国，是一个大国，我们要研究极地。极地的存在和变化与中国有着密切关系！"但随后，由于国内外风云变幻的局势和"十年动乱"，我们又一次放下了对南极洲的探索。直到 1983 年，郭琨、司马俊和宋大巧三人才以观察员的身份第一次代表中国出现在第十二次《南极条约》协商国会议的现场。当会议讨论到实质性内容，进入表决议程时，大会主席忽然宣布：请非协商国代表退场，到会堂外喝咖啡！最终的表决结果也不被告知，因为中国当时在南极还没有建立科学考察站，对南极洲没有开展实质性科学考察活动，是没有资格进入协商国行列的。"当时我们中国代表团从人家后头走，含着眼泪出去的。""我出了会场就发誓，如果我们不能在南极建立考察站，就

再也不来参加这个屈辱的会议！"后来担任中国南极长城站首任站长
的郭琨这样回忆说。当时，联合国5个常任理事国中，中国是唯一不
能参与表决南极事务的，这与我国的国际地位很不相称。随后，一大
批中国科学家呼吁，早日建立属于我们自己的南极科考站，不依附于
任何国家，独立探索南极。一年后，1984年12月31日上午，中国南

极长城科学考察站的奠基典礼在乔治王岛隆重举行，《义勇军进行曲》高亢激昂的曲调在南极洲的上空回荡。1985 年 10 月 7 日，中国正式成为《南极条约》协商国，中国对南极国际事务拥有了发言权和决策权。随后，我们国家每年都组织南极科学考察活动，至今已进行了 36 年，科学考察站也建立了 4 个，分别为长城站、中山站、昆仑站、泰山站，第 5 座位于罗斯海沿岸的科学考察站也即将建成。❶

我第一次到长城站是 2012 年 1 月底，大船停泊在麦克斯韦尔湾里，我通过望远镜仔细辨认岸上的风物。变化真大啊！此前，我对长城站的印象还一直停留在上中学的时候看过一本名叫《赴南极见闻》的书，作者是上海大同中学的吴弘和北京大学附属小学的杨海蓝两位少先队员，他们代表中国一亿七千万少年儿童，不远万里前往长城站参加"中国少年纪念标"的揭幕典礼，书中描写的大部分故事场景都发生在长城站，印象中那里只有一排红房，虽然窄小，但很庄严，门前就是五星红旗。今日之长城站，与当年相比已不能同日而语，她真大啊！从当年的一排红房、一个码头、一座小气象站，发展为今天拥有十余座建筑物的庞大

---

❶ 本段落参考了不同当事人的回忆影像资料或文字。

站区。在船上吃过晚饭后，下起了小雪，我们下船坐上冲锋舟，还没到码头，远远地就看见了站上的灯火，再近一些，看到码头上"第28次南极科考队"长城站站长汪大力先生和他的队员们了，大家欢呼着，就像见到了亲人……

上　长城站最早的站房——1号栋

下左　长城和钟

下右　中国少年纪念标

上左 "长城湾"远眺

上右 长城站一角

中左 站区周围生长的枝状地衣群落

中右 站区附近的海洋哺乳动物观察点——"海豹湾"

下 一群在站区飞翔的南极燕鸥

上 站区淡水池塘旁边生长的苔藓群落

下 站区生长的南极发草

上左 站区附近的冻土地貌——石环（分选环）

上右 站区周边火成岩山体上镶嵌着的玛瑙石和水晶晶洞

下左 站区旁边"化石山"地面上散落的硅化木树干

下右 科研人员在"化石山"地层中看到的假山毛榉化石

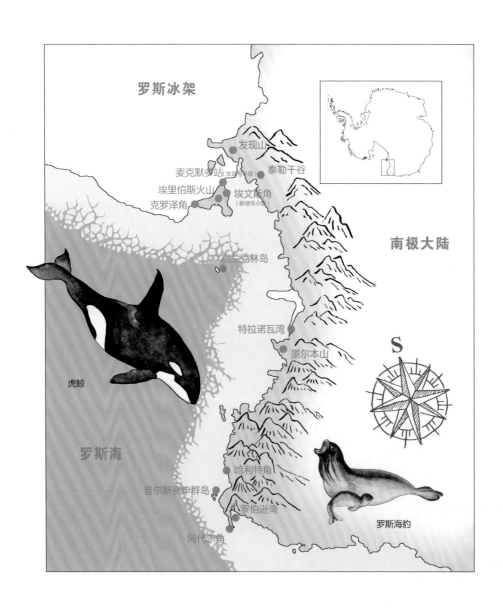

罗斯冰架

发现山

麦克默多站（发现号小屋）

泰勒干谷

埃里伯斯火山

埃文斯角
（新地号小屋）

克罗泽角

富兰克林岛

南极大陆

特拉诺瓦湾

墨尔本山

S

虎鲸

罗斯海

哈利特角

普尔斯赛申群岛

罗伯逊湾

阿代尔角

罗斯海豹

阿代尔角和罗伯逊湾

　　阿代尔角（Cape Adare）位于维多利亚地（Victoria Land）的东北角，是南极大陆向北伸入太平洋中的一个海岬，以东为罗斯海，以西为太平洋的南极洲海岸；海岬的北角位置在南纬71°17′，东经170°13′；由詹姆斯·克拉克·罗斯（James Clark Ross）于1814年发现。阿代尔角群峰林立，起伏在500—1000米，岩石为棕黑色。北角山体陡直，除山顶外，四周峭壁上积雪很少，因此在海上非常容易识别，西侧发育出一个长约1600米，最大宽度约1000米的三角形沙滩。夏季，阿代尔角四周为开放水域，船只可经此向南进入罗斯海，直至南纬78°的罗斯冰架前缘，因此是一处明显而重要的地标。同时，阿代尔角是人类早期南极探

阿代尔角远眺

险的重点地区，是人类第一次南极越冬的基地所在。目前，沙滩上现存两处人类遗迹。较大的一处遗迹是两座木板房，一座保存（修复）完好，另一座顶棚缺失，是挪威人卡斯滕率英国探险队于 1899 年考察时所建。较小的一处遗迹是一个残破的小屋，目前仅存后壁，是 1911 年英国斯科特南极探险队北部支队队长坎贝尔所建。夏季沙滩上生活着数以万计的阿德利企鹅以及大量巨鹱、南极鹱、雪鹱等鸟类。在周边的浮冰上，常常有锯齿海豹、威德尔海豹出没。由海滩升至山顶，可以找到一个小小的石墓，上面立着一个十字架，这是 1899 年冬季死去的探险队员、挪威动物学家尼古拉·汉森的墓，他是有记载的历史上第一个埋骨于南极洲的人类。阿代尔角海滩及其历史遗迹是众多南极到访者喜爱的"景点"，但这里向外界开放的机会并不多，主要是浮冰的封锁，适宜登陆的月份为 1 月底至 3 月初。

阿代尔角给人的感觉就像是东南极洲的大门，这个区域的海岸由于纬度普遍更加偏南的缘故，周围浮冰密布，很多地方长年不化，冰川在海岸四周形成冰架，层层冰雪掩盖住了可以登陆的海岸。由于阿代尔角东侧是一片深入南极圈很远的开阔水域——罗斯海，水流的扰动令这里的夏季形成一片南极圈内没被封冻的开放水面，加之这里的山峰陡峭，不易承载过多的积雪，上一个冬季积累的冰雪融化后，便露出鲜明、黑暗的岩石来，成为大海中一座明显的航标。

阿代尔角西侧有一深湾，名叫罗伯逊湾（Robertson Bay）。在深湾中巡游，可观赏到邻近的雪峰和山地冰川。冰川前缘是冰山诞生的地方，一条条幽蓝色的冰裂缝将冰块分割成座座冰塔，前排的塔基时时受到海浪的冲刷，随时都有可能倾颓。有时你刚一转眼，轰隆一响，一片巨大的水花推开白浪，一座白色的冰山冒出水面。更多有关阿代尔角的介绍在本书第二章天涯小屋和它的主人部分有详细描述，参见 P24。

上　　岛上的人类遗迹和阿德利
　　　企鹅

中　　罗伯逊湾

下　　罗伯逊湾尽头的冰川

哈利特角

哈利特角（Cape Hallett）是阿代尔角南部的维多利亚地向东凸出的一个岬角，位于南纬 72°19′，东经 170°13′，于 1841 年由罗斯船长发现，他以所乘"埃里伯斯号"船的乘务长托马斯·哈利特（Thomas Hallett）的名字命名。

1957 年，美国与新西兰在这里共同建立了一个可供越冬的科学考察站。建设该站时，在原站址繁殖的 4000 多对阿德利企鹅被转移到了海岬的另一侧。1964 年，一场大火摧毁了该站的主要建筑，此后只能勉强开放，在夏季作为科考队员们的工作站，直到 1973 年关闭。随后废弃的建筑物逐渐被拆除，只留下一间避难所，原先生活在这里的阿德利企鹅又回到了这个位置。

和阿代尔角一样，由于该角三面受罗斯海上的风浪吹打，大量浮冰和冰山常常堆积在岬角海滩的四周。尽管这里是南极大陆的著名登陆点和野生动物观察地（主要是阿德利企鹅），但海滩被冰封锁的情况很常见。当我来到这里的时候，也是如此，我并不感到遗憾，正好借此机会大量观察阿德利企鹅在冰间活动的生活状况，并第一次看到了帝企鹅。

静谧的哈利特角

普尔赛斯申群岛

普尔赛斯申群岛（Possession Islands）都是面积很小的岛屿和礁石，在阿代尔角东南约 68 千米的罗斯海海岸线外侧（位置在南纬 71°—72°，东经 171°之间），是罗斯船长在 1841 年初发现的。群岛由两座主岛组成，北侧大一点的是普尔赛斯申岛（Possession Island），约 3 平方千米；南侧的小一点，称弗因岛（Foyn Island），约 2 平方千米。夏季岛上有裸露无雪的海滩、岩石基岸和山坡，是成千上万只阿德利企鹅的繁殖地。这些岛屿的位置离南极大陆很近，最近的地方仅相隔 8 千米。

这组小岛的可爱之处在于这里有很多奇特的海蚀地貌。在两座主岛的四周，零星散落着几座露出水面的小石岛，它们都是由造型奇特的巉岩所组成，石岛间有开阔的水道，可以乘冲锋舟在这片神奇的海域里穿梭，犹如一座可饱览天然海蚀地貌的博物馆。海蚀地貌是指海水在运动过程中对沿岸陆地进行破坏、侵蚀所形成的地貌。这些侵蚀的动力主要来自波浪、潮流及其夹杂着的一些岩石碎屑的冲击和研磨。在这样的高纬地区，这些基本动力还要加上冰冻的侵蚀与风化。

左 罗斯海西侧南纬 71° 附近

右上 普尔赛斯申岛

右下 弗因岛

  侵蚀和风化作用像艺术家手中灵巧的雕刻刀，无时无刻不在改变着海岸的景观，至于创造出什么样的作品，则很大程度上取决于岩石质地的软硬程度。那些结构越致密、越坚硬的岩石，抗蚀能力越强。例如广泛存在于群岛上的玄武岩，就很坚硬，但坚硬的岩石往往脆性有余而韧性不足，岩体内部多裂隙和自然节理的发育，在侵蚀过程中，大块度的崩塌和瓦解在所难免，因此造就出为数众多的海蚀洞、海蚀拱桥、海蚀柱和海蚀崖来。

　　构成普尔赛斯申群岛的岩石几乎都很坚硬。主岛的边缘可以看到犬牙交错的石山与石岸，在迎向海浪的一侧，常常可以发现大小不一的洞穴，那就是当年有岩石裂隙的地方因长年被海浪拍击、侵蚀、掏挖，裂隙顶部和四壁不断垮塌、碎落，越掏越大，形成的空洞被称为"海蚀洞"。

　　这是主岛南侧海中的一长条形石岛，很薄，像一堵墙，在"墙"两侧起先有裂隙的地方都发育了海蚀洞，经年累月，海蚀洞扩大，洞壁越打越薄，最终竟被打穿。像不像一座有两个桥孔的石拱桥？这样的地貌就被叫作海蚀拱桥或海穹。现在，这两个洞顶距离海面很高，目测约20米，即便是最大的巨浪，也难以将浪花泼溅到上面。这并不是说古代的海浪

左　　粗壮的海蚀柱

右　　"定海神针"

能拍出 20 多米的高度来，其原因一方面是洞顶不断垮塌，高度增加，另一方面也可能在一段时期内，这里的地壳连同岛屿曾经有过抬升，当然，它们现在也可能仍在抬升。

这个石岛（右图）像不像《西游记》中孙猴子的定海神针？地貌学上叫它海蚀柱，原本它也是海岸的一部分，由于这个部位的岩石比较坚硬，在海蚀的过程中，海岸的其他部分都被侵蚀掉了，唯独这根特别结实的"铁棒"留了下来。当然，它与海岛相连的时候，也有可能是海蚀拱桥的一部分，即拱桥的一只桥腿，后来由于常年的冲刷与崩塌，其他的"桥腿"和"桥拱"都被侵蚀殆尽了，只剩下它孤立海中，暂时得以保存。

这（左图）也是海蚀柱，可看起来相当粗壮，它距离临近的岛屿更远，四面都受到海浪的侵蚀并不断崩塌，受重力影响，岩石沿断层节理或层理面塌落，形成陡直的悬崖，这些立面也被称作海蚀崖。现在，崖脚堆积了以前崩落下来的大量岩块，显然，这些岩块的体积过大，海浪无法把它们搬走，海蚀崖的坡脚就被这些塌落的岩块给保护了起来，无形中减慢了海浪对它的侵蚀，使它今天看来还依然粗壮。

上　被海浪侵蚀的玄武岩崖壁

下　冰雪和海浪剥蚀着岩石柱

特拉诺瓦湾

特拉诺瓦湾（Terra Nova Bay）在罗斯海西岸偏北方，长65千米，由英国探险家斯科特发现。英文 Terra Nova 意为新土地，同时也是1910—1913年英国斯科特南极探险队所乘船只的名字。斯科特探险队的北部支队，曾在这个湾中的恩克斯堡岛（Inexpressible Island）度过一个被称为"人类所曾经历的最艰苦的冬天"（语出阿普斯利·谢里–加德勒《世界最险恶之旅》），Inexpressible 的意思是"难以形容"，可见当时这些人的困苦。

手机扫码
欣赏精彩视频

风平浪静时的
特拉诺瓦湾

特拉诺瓦湾夏季为开放水域，乘轮船可以到达南极大陆海岸。海湾为一处避风港，有很多极地动物栖息。海岸上分布着三个国家的科学考察站，分别是意大利马里奥·祖切利站（Mario Zucchelli Station）、德国冈瓦纳站（Gondwana Station）和韩国张保皋站（Jang Bogo Station）。2017年12月，我国正式对外公布："正在南极恩克斯堡岛附近作业的中国第34次南极考察队开启了新建站相关物资的卸货工作，为将来建设中国第五座南极考察站进行前期准备。"新站址的具体位置就在特拉诺瓦湾内的恩克斯堡岛，它位于南纬74°53′，东经163°42′附近。

上左 德国冈瓦纳站

上右 特拉诺瓦湾沿岸

下 意大利马里奥·祖切利站

上左　在南极户外临时居
　　　住用的"苹果屋"

上右　意大利站区附近的
　　　花岗岩

下　　意大利站区附近的
　　　花岗岩海岸

我曾于夏末季节到达过这里。很多资料说这里的天气非常不好，其实是相对而言，罗斯海的北部开口宽大，守着风带的南缘，内部又受到来自内陆气流的控制，因此长年风浪肆虐，这是指罗斯海的大部海域，而特拉诺瓦湾的情形要好得多，不然我国也不会把新的科考站设在这里。特拉诺瓦湾是罗斯海向西凹进维多利亚地的一个C形湾。当我们的大船从罗斯海进入特拉诺瓦湾内部时，会有种明显的感觉——那是一个从风暴肆虐到风平浪静的过程。与周围外海那些陡直突兀或围满冰裙的海岸相比，这里有一些可以登陆的岩岸和海滩，更有意思的是，因为三面环山

的缘故，这里有自己的小气候，成了许多极地动物的"避风港"和"疗养地"，我在驾驶室瞄了一眼地图，竟然密集地标注了6处动物栖息地。

越往湾里走，风，越小，浪，越矮，上面是一片蓝天白云和响晴白日，能够令人把一直紧缩的肌肉暂时放松下来。对比终日阴云密布、暴风肆虐的阿代尔角，这里堪称罗斯海的天堂。

回到驾驶室，借助望远镜，我观察了这里周围的情况。西面是南极大陆那层层叠叠的横断南极山脉，北部有一座像富士山那样标准的圆锥形火山（墨尔本山），我国新建站所在的恩克斯堡岛，则隐藏得很深，位于海湾南部的群山之后。因该岛有海拔较高的山峰，因此在特拉诺瓦湾北部航线上行进的时候，能远远望见岛上几个凌驾于前排群峰之上的雪峰。

我曾拜访过特拉诺瓦湾沿岸的两个科考站，位于北岸的德国冈瓦纳站和位于西岸的意大利马里奥·祖切利站。在意大利站，我观察到这一地区的山体几乎都是由长有很大个头长石晶斑的花岗岩组成，这里的海岸基础非常好，结构稳定的花岗岩山体非常适合固定住规模庞大的站房，马里奥·祖切利站的主体就是岩石上一座巨大的蓝色建筑物。由于周边多火山的缘故，许多带有气孔、玄武岩质的火山渣就散落在地上。这样的地方成壤条件很差，几乎不长任何植物。头上盘旋着几只贼鸥，不时在距离人腿很近的地方落下来休息。

德国站周围的情形却是生机勃勃的另一番景象。这个站址的特点是，站前区是一片卵石海滩，有宽阔的潮间带。那些肥胖的、懒洋洋的威德尔海豹横七竖八地躺在海滩上打盹，即使你走近了，也只是睁开一只惺忪的睡眼，看上你一眼，发出一声不耐烦的咕噜声，然后再度睡去。那些矮矮的阿德利企鹅则显得绅士多了，如果你的位置挡住了它的去路，它会停下来，等你先过，而我们在野外工作所遵守的"南极法典"要求：除必要情形外，必须让动物先走，于是我们俩之间就在"您先请"还是"您先请"之间谦让地拉锯，终于，主人被你的诚意所打动，摆着两只鳍状翅向你走来，而你要做的，就是笔直地站在原地，等这些小家伙们从你腿边姗姗地过去再动。

　　因此，野外科考站站址的选择是很有讲究的，既要考虑到地理因素（例如附近的航道资源、码头位置），又要考虑到气候环境（例如避风、光照、海冰淤积）和地质因素（例如建筑的基岩条件），还要考虑到研究内容的丰富度（例如周边栖息的动物、植物、岩石组分）和必要生存条件（例如淡水水源）。愿我们的罗斯海新站能占到这里的天时、地利与人和。

德国冈瓦纳站区
的岩石海岸

上　　海湾沿岸

中　　海岸上空出现的
　　　日晕

下　　气温降低时，湾中
　　　海水刚刚凝结成
　　　的初冰（油状冰）

墨尔本山

墨尔本山（Mount Melbourne）位于南纬 74°21′，东经 164°42′罗斯海西岸偏北一个突出的三角形海岸上，由于有它的存在，分开了北侧的伍德湾（Wood Bay）和南部的特拉诺瓦湾。墨尔本山海拔 2732 米，是横断南极山脉北侧的一座山峰，从整条山脉来说，2000 多米的高度只能算是"中等身高"，但在这个地区，山峰的平均高度只有 1000 多米，加上

特拉诺瓦湾北侧
的墨尔本山

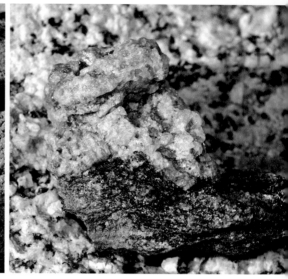

左　火山渣

右　地幔物质形成
　　的矿物晶体

它是一座十分别致的标准火山锥，因此鹤立鸡群般地屹立于群山之中，像座灯塔，指示着过往的船只前往更为偏远的冰海。它是 1841 年由詹姆斯·克拉克·罗斯首先看到，并以当时的英国首相墨尔本勋爵（Lord Melbourne）的名字命名的。与诸多沉寂的火山锥不同，墨尔本山是一座活火山。自 20 世纪 80 年代以来，美国、新西兰等国家的地质学家曾数度登临此山，通过探测发现，这座火山曾于 17—19 世纪间（1750±100 年）喷发过。火山属典型的复式火山（Stratovolcano），主火山口位于锥体中央，山顶和山坡上还能找到许多看起来还非常年轻的圆锥形小火山口。这样的火山在诞生后，浓稠的岩浆平静地从主火山口中平流下来，造就了最初的盾状火山。越靠近现代，它的喷发越发猛烈，在主火山口四周形成坡度较陡的火山渣堆，随着不断喷发，堆积物越来越多，坡度也越来越陡，而远离主火山口的地方，坡度则逐渐变缓，一座完美的墨尔本火山锥就此诞生。由于四周没有巨大的冰川侵蚀，因此锥体保存得十分完美。我曾在距离火山锥 42 千米外的海岸看到过大量的火山渣，可以想见当时喷发的强度。

埃文斯角和风信山

　　埃文斯角（Cape Evans）是罗斯岛西侧凸向麦克默多湾的一个海角，位于南纬 77°38′，东经 166°25′。由英国探险家斯科特发现，是 1911 年他向南极点进发前的大本营。目前该营地已被修复，保存了大量当时科考队员的生活用品和科研用品。埃文斯角地表由罗斯岛黑色的火山岩和火山灰、火山渣构成。天气好的时候，站在海岸上能看到 3794 米高的埃里伯斯火山。

　　风信山(Wind Vane Hill)是斯科特基地后方的一座小山，由斯科特命名，因其曾于山麓放置风向标等气象仪器而得名。1914—1917 年，英国探险家欧内斯特·沙克尔顿（Ernest Shackleton）率领的英国探险队罗斯海支队在山上架了一个十字架，以纪念 1916 年死于附近的三名探险队员。该地点的具体故事在本书第三章探访伟大旅程的起点中有详细描述，参见 P46。

埃文斯角西北侧海岸（右下角的建筑是"斯科特基地"）

上　　地表的火山岩

下左　风信山

下右　站在风信山上俯瞰
　　　斯科特基地

富兰克林岛

富兰克林岛（Franklin Island）是孤悬在罗斯海深处的一座岛屿，在远离周围所有陆地的南纬76°10′，东经168°22′。它的位置实在太偏远了，据说这个岛的位置从来就没有被GPS正确地测出来过。我们这次来也是，船上用的是某大国出版的海图，而这张海图上标定的位置，竟然是错的。船长凭经验找到了这个岛，并沿着它的长边转了半圈，最终把正确的位置标记在了图上。

这个长度仅11千米的小岛是英国探险家罗斯于1841年1月27日发现的，他以时任澳大利亚塔斯马尼亚州的州长约翰·富兰克林（John Franklin）的名字命名。1840年，当罗斯准备前往南极洲时，富兰克林曾

左　船行至富兰克林岛锚地

右　船上用的海图居然也标错了，
　　船长凭经验找到了这个岛（他
　　用铅笔描出了该岛的位置）

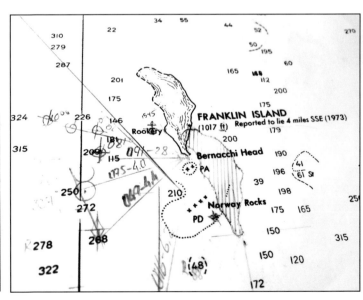

远望岛上的火山（玄武岩）地貌

在霍巴特港热情款待了罗斯和他的探险队员。同时，富兰克林也是位经验丰富的探险家，后来他为寻找北极的西北航道献出了宝贵的生命。富兰克林岛是个火山岛，其火山口位于岛屿的东侧，目前已被列入休眠火山的序列，因为它至少有1万年没有活动过了。富兰克林岛的海拔不高，最高处仅247米，像这种底部宽广、坡度小于10°、表面平坦、外形像覆扣在地上的盾牌样的火山，被称作"盾形火山"，也是由于这个原因，它拥有一个相当平缓的海滩。

富兰克林岛的南、北方是两个世界，高一点的山都集中在北边，朝向西侧的一面是悬崖，落差很大，极为陡峭。我登上该岛的时候盛夏季节已过（2月底），从山顶雪帽上流淌下来的雪水此时已经凝结成一根根高大的冰柱，有的冰柱十余米高，一排排从山顶上层层叠叠地滴垂下来，形成超级庞大的冰挂。南面的一侧是海滩，像薄饼一样摊在海面上，企鹅与海豹都能很轻松地爬上来休息。有关这个岛屿的更多故事在本书第五章企鹅传"阿德利企鹅"一节有详细描述，参见P133。

上　　靠悬崖一侧的海滩

下左　宽阔平坦的海滩

下右　海滩上的阿德利企鹅群

克罗泽角和罗斯冰架

克罗泽角（Cape Crozier）是罗斯岛最东端的一个海角，北侧面向开放的罗斯海，海角以南是广阔无垠的漫漫冰原——面积相当于法国本土的罗斯冰架（Ross Ice Shelf）。1841 年，罗斯船长领导的英国南极探险队发现这个海角，并以所驾船只"恐怖号"的指挥官弗朗西斯·克罗泽（Francis Crozier）

手机扫码
欣赏精彩视频

的名字命名。斯科特于 1901—1904 年组织南极探险队再次来到该角，并在这里发现了帝企鹅的繁殖群。当时的人们认为，帝企鹅是世界上最原始的鸟类，只要能找到这种鸟的胚胎，就一定能够揭开鸟类的起源之谜。遗憾的是，在这次考察中，探险队并没有取得企鹅蛋标本。但可喜的是，他们已探明帝企鹅的繁殖季是在南极奇冷无比的黑暗冬季。于是，在斯科特 1910—1913 年组织的南极探险中，他的铁杆儿搭档，与他共同到达南极点并一同在返程中牺牲的动物学家威尔逊冒着黑暗、严寒和暴风雪，赶赴克罗泽角栖息地获取到帝企鹅正在孵化的蛋。这是人类第一次对这

远眺克罗泽角

上左　克罗泽角下的罗斯冰架

上右　罗斯冰架前缘生活的企鹅

下　　罗斯冰架前缘的初冰（荷叶冰）

个物种的繁殖行为作科学的观察、研究与记录，威尔逊在这次探险中所取得的帝企鹅蛋标本，至今仍收藏在英国自然历史博物馆。

　　我到达克罗泽角的时候正处夏末时节（3月初），此时无冰的水域面积最大，整个克罗泽角的海岸连同冰架，都浸泡在海水里。现在，这里是欣赏罗斯冰架最好的地方。之所以说最好，是因为在其他地点，罗斯冰架的前缘被浮冰所包围，不得接近，且看到的，仅仅是前面望不到头，后面望不到尾的一堵冰墙，而在这里可以看到冰架与罗斯岛上绵延无尽的山峦连接在一起（罗斯岛的整个

南部地区都"镶嵌"在冰架之中），西面是起伏嵯峨的雪山，山脚下是"雪墙"一样的冰架前缘，"站立"在水中，接受海浪的拍打。

所谓"冰架"，其实就是陆地冰盖延伸至海里的一部分，犹如平坦的桌面，从"桌面"的边缘看上去，就像是一堵高大的冰墙。在克罗泽角附近，罗斯冰架边缘的高度在50—70米，"冰墙"一路向东，无边无尽，最终消失在茫茫的雾气中，蔚为壮观。

上 从罗斯冰架上断裂下来的平顶冰山

下左 无边无尽的冰架向东消失在云雾之中

下右 冰架跟脚被海浪侵蚀的情况

埃里伯斯火山

埃里伯斯火山（Mount Erebus）位于南纬 77°35′，东经 167°10′，海拔 3794 米，是目前人类在南极洲发现的最大火山锥，也是最靠南的活火山（除非未来在靠近南极点的冰下探测到新的活火山）。1841 年 1 月 28 日，罗斯船长所率的探险队因为在海中观察到它的一次小型喷发，认定这是一座活火山。据说海员们看到山顶突然升起熊熊的火光，顿时，雾气、烟尘与火焰笼罩在冰雪覆盖的山顶。罗斯以自己所驾"埃里伯斯号"（Erebus）舰艇的名字为它命名。20 世纪初期，人们又观察到它的几次活动，自 20 世纪 60 年代以来，它进入了一段平静期，但是到了 1984 年 9 月 17 日，它再一次喷发，此后，又是一段沉寂。2021 年 1 月 25 日 12 时 56 分，我国海洋一号 D 卫星海岸带成像仪获取的南极罗斯岛遥感图像上，有明显的异常区，初步分析为埃里伯斯火山正在喷发（据《中国科学报》2021 年 2 月 2 日报道）。

左　雄伟的埃里伯斯火山

右　喷发物中的矿物晶体

在火山家族的诸多兄弟中，埃里伯斯火山的脾气算是比较温和的，它的喷发，不同于维苏威火山（意大利）、圣海伦斯火山（美国）、皮纳图博火山（菲律宾）那种一怒冲天式的大规模喷发，让整个世界都跟着战抖。它的喷发过程更像是上演一出不紧不慢的音乐剧，在一定时期内，它会时常喷出一些气体和水蒸气，让山顶常常笼罩在一片白色的云烟之中；有时也会发发小脾气，喷出一些炽热的岩石碎块或一点浓稠的岩浆，把破损的火山口渐渐"修补"成一个完美的火山锥，地质学上称其为一种"有节奏的间歇性喷发"。

埃里伯斯火山最引人注目之处在于其大气磅礴的身形，也成为摄影爱好者们钟爱的对象。1977 年新西兰曾开辟南极旅游航班，从奥克兰机场起飞奔向罗斯海，并在麦克默多湾上空低飞，以方便游客在温暖、舒适的环境中观赏和拍摄动人的南极画面。埃里伯斯火山那完美的火山锥当然是观赏的重点，它那雄伟的身影被专业摄影师和游客拍摄成艺术作品，经常被航空或旅游杂志刊登，这使它名声大噪，很快成为南极洲最著名的山峰之一。然而，1979 年 11 月 28 日，一场空难过早地结束了这个著名的旅游项目。由于飞行员的失误，飞机撞在了埃里伯斯火山的山腰上，飞机当场解体，237 名乘客和 2 名机组成员、1 名导游、17 名乘务组成员无一生还。据说，那些在罗斯海上行船的人，在天气晴朗的时候，通过高倍望远镜，至今还能够看到失事飞机的遗骸。

埃里伯斯火山另一个闻名于世的地方在于它火山口中的熔岩湖，这也是世界上仅存的六个露天熔岩湖之一。在六个熔岩湖中，数这里的环境、地质情况最特殊，它是世界上唯一一处冰与火共存的地方。在沙克尔顿 1907—1909 年组织的南极探险期间，1908 年 3 月 5 日，地质学家埃奇沃思·戴维（Edgeworth David）率道格拉斯·莫森（Douglas Mawson）、阿利斯泰尔·麦凯（Alistair Mackay）和三名助手向埃里伯斯火山顶峰进发，并于 3 月 10 日到达顶峰的火山口。他们测量了该火山口是一个直径 805 米、深 274 米的大圆坑，熔岩湖正处于大坑的底部。两天后，他们安全返回，这是人类第一次登上这座位于极地的活火山。20 世纪末，埃里伯

云缝间的火山

斯火山进入活跃期，美国新墨西哥矿业技术学院专门成立了研究该火山口的实验室，并在火山口内部安装了实验摄像头和其他监测设备。目前，它已成为全世界最为密切关注和监测的火山之一。在火山口周围的山麓上，还分布着许多奇特的火山喷气孔，由于地热、降雪和融水的相互作用，在喷出热汽的岩石裂隙上方，形成了许多高20—30米的"冰雪烟囱"。这些"烟囱"拔地而起，下粗上细，具有一定弧度，令我们得以想象那些距太阳更远的冰冻行星上面的景象。

我在埃里伯斯火山周围工作的三天时间里（2月底），它大部分时间都被浓雾和乌云所笼罩，当船行至罗斯岛以西麦克默多湾中心航道时，正值傍晚，云霞漫天，在低空与高空的云层之间，露出了一道巴掌宽的蓝天。我站在二层甲板上正观赏着这万千气象，忽然船头向东方一转，一座巨大的、灰蓝色的梯形山体蓦然屹立在眼前，低空的云层盖住了它的山脚，高空的云层盖住了它的山巅，梯形两"腰"之间宽阔的距离让我体会到其身形是如此巨大。它犹如一座外星飞来的超级金字塔，渺小的我们在它面前犹如一粒微不足道的尘埃。第二天，船在罗斯岛西侧航行，其间考察了几处动物栖息地，这样的距离，如果是天气晴朗的话，一整天的时间里，只要抬抬头，以埃里伯斯火山的身形，是时刻都能看到它的，而我们却一整天也没有见到它的身影，向罗斯岛西岸望去，除却近处黑暗的岩石，就是远处铅灰色的乌云。第三天一早，蓝天终于从云缝中显露了出来，这使得船上的直升机有了升空的机会。上午 10 时，晴空逐渐占据了大部分的天空，太阳露了出来，白色的陆地、浮冰和积雪，与苍蓝色的天空都呈现出令人炫目的明亮色泽，映衬着脚下乌蓝色的碧海。埃里伯斯火山，此时如同屹立在天边的巨人。在飞机上，我得以近距离观察这座冰与火造就出的奇迹。在它宽厚的山体上，覆盖着厚厚的皑皑白雪，越靠近火山口，山势逐渐陡峭，一道道凝固的熔岩流——玄武岩质的脊垄如群龙夺宝般直冲峰顶，而峰顶的上方仍旧笼罩着雾一样的蒸汽，如同仙境一般。

玄武岩质的脊垄如群龙夺宝般直冲峰顶

发现号小屋

发现号小屋（Discovery hut）在南纬 77° 50′ 45″，东经 166° 38′ 31″，这个位置在罗斯岛的西南角，美国麦克默多南极科考站附近。"发现号"（Discovery）是斯科特 1901—1904 年南极探险队所使用的探险船只的名字。在奔赴南极之前，斯科特在这艘船上装载了一间被拆散了的小木屋，准备到南极充当团队的大本营。小屋是在悉尼定做的，用了远道而来的花旗松和苏格兰松木，为的是轻巧而结实。斯科特为此付出了 360 英镑，这在当时来讲，也算是一笔挺大的费用了。小屋为四方形，边长 9 米，屋檐很大，外围有一圈用木柱支撑的檐廊（这种遮阳棚似的设计秉承了澳大利亚内陆地区民居的建筑习惯）。为了防止积雪，屋顶被设计成金字塔状。

手机扫码
欣赏精彩视频

小屋于 1902 年搭建在罗斯岛西南角的一个岬角上，这处岬角伸入大海很远，表面十分平坦，以至于在很远的海上就能看到这座小屋。探险队员们把这个地方命名为"小屋岬"（Hut Point），今天人们把这个岬角连同所属半岛命名为哈特角半岛（Hut Point Peninsula）。小屋的搭建并没有令斯科特感到有多满意。他曾不无遗憾地说："整体来说，我们的木屋会有用，但绝对不是不可或缺的。花这么多钱，占那么多船上空间、费那么多事把它运来，其实没必要。不过它现在在这里了，会屹立很多年，任何运气不佳的队伍如追随我们的脚印前来，可能不得不在此屋中寻求食物与庇荫。"❶

---

❶ 引自《发现号之旅》第一卷第 350 页，斯科特，约翰·默里出版公司，1905 年出版。

　　这间小屋最大的失败之处在于其保暖效果实在是太差了。地处热带和亚热带的澳大利亚人很难想象出南极洲会有多么的寒冷，他们天真地以为，只要在两层木板之间粘一层不太厚实的毛毡，不仅足以抵挡南极那些峻烈的寒风，还可能"待在里面简直可以热得冒汗"。而实际情况是，搭建好的小屋内部不仅冰冷刺骨，并且四处漏风，以至于船员们都不肯长时间待在里面。为了节省宝贵的煤炭，每当到了睡觉的时候，大家还是纷纷回到船舱里，尽管那里潮湿，地板上还会结冰，但比起岸上的小屋，船舱里温暖得堪比天堂。屋顶的设计也是糟透了，尽管呈金字塔状，但斜坡的倾斜程度并不足以使积雪滑落，屋顶时刻有被压塌的危险。还有门，这要命的大门哟，居然开在向南的一侧，这个设计在地球上大多数地方都是正确的，可偏偏不凑巧的是，这里最凛冽的寒风，恰恰是从南部的

上左　木屋内景

上中　从室内看屋顶

上右　帝企鹅的遗骨

下左　窗台上还放着半块饼干，一百多年了，看起来还可以吃

下中　当时探险队储藏的肉食，左边两具是整羊的胴体，右边的是帝企鹅

下右　1916 年 7 月 15 日，沙克尔顿探险队罗斯海支队在撤离这间小屋前吃的最后一餐——平锅煎海豹肉

冰原方向吹来的。1908 年 2 月，当沙克尔顿率领探险队再度探访这个小屋时（沙克尔顿也是斯科特 1901—1904 年探险队的成员），他看到小屋的确有一部分被压塌了，一扇门被大风从铰链上给扯了下来，门口被坚硬的积冰完全阻塞，探险队员们不得已从背风一侧的窗户钻了进去。

实际上，也正如斯科特所料，小屋虽然没有如愿以偿成为探险队的大本营，但它在斯科特本次和接下来的探极之旅活动中，的确起到了临时仓库和为外出执行任务的队员提供庇护所的功用。最大的受益者就是沙克尔顿，除了在 1908 年他的探险队利用过这间小屋外，在他组织的1914—1916 年的南极探险活动中，发现号小屋为挽救其人马起到了关键性作用。那年，他突发奇想地设计了一个规模宏大的横穿南极计划，他自己率主队赴南极半岛东侧的威德尔海，准备由那里通过南极点到达罗斯海西岸，他同时派遣了罗斯海支队在罗斯岛准备接应，并在自己预设路线的下半程建立补给站。但天公不作美，刚一到威德尔海，沙克尔顿的船就被浮冰给结结实实地冻在了海里，随着冰情越来越紧迫，他们不得不弃船逃生，最终漂流到了南设得兰群岛东侧的象岛，建立了一个临时避难所，横穿计划也被迫告吹。值得庆幸的是，沙克尔顿率领一小队人马乘小舟日夜划船，居然成功穿越了风暴肆虐的德雷克海峡，到南乔治亚岛上的英国捕鲸站寻求到了援助。最终，威德尔海主队的人员全部被营救回国。与此同时，可怜的罗斯海支队却一直有条不紊地进行着补给站的建站工作，随着工作接近尾声，他们日夜翘首盼望沙克尔顿能从相对的方向姗姗而来，想象着看到会师的那一刻：尽管筋疲力尽，但大

小屋（近处）对面就是现代南极
最大的科学研究基地——美国麦
克默多南极科学考察站

家仍旧叫着，跳着，挥舞着帽子，涕泪横流地抱在一起，摔倒，爬起，再摔倒……但现实总是那么残酷，约定相见的时间早就过了，沙克尔顿还是杳无音讯，他们从满怀希望变成担心和焦虑。天气越来越坏，不得已，他们中的一部分人再次钻进斯科特留下的小屋里（离此不远的埃文斯角小屋也在这次探险中被重新利用），清理出一小片能住的地方，挖出被冰雪盖住的十几年前的剩余给养，以及不多的燃料，然后靠企鹅肉、海豹油以及任何可以吃的东西，与绝望斗争。1917年1月10日，沙克尔顿的船来了，罗斯海支队的探险队员最终回到了祖国的怀抱。沙克尔顿的英雄之处在于：不放弃任何一个同伴，无论何种原因，在任何时候……

今天，在南极遗产信托基金会的努力下，这座小屋已经得到恢复和重建，里面还原了20世纪初那个"英雄辈出的探险时代"的一些场景。

美国麦克默多站

美国麦克默多南极科考站（McMurdo Station）是全南极洲最大的科学考察基地。关于这个基地的情况，在互联网上只要输入关键字，就可以查阅并下载大量详细资料。以下我将在介绍其基本信息和自然地理方面的情况后，放一些我所感兴趣的边角图片，希望能与互联网上的那些"通识知识"有所区别。

手机扫码
欣赏精彩视频

麦克默多站坐落在罗斯岛的西南角，以该站西侧的麦克默多湾得名。这个海湾是罗斯船长于1841年发现的，以在"恐怖号"（HMS Terror）上从事绘图工作的海军上尉阿奇博尔德·麦克默多（Archibald McMurdo）的名字命名。而后，斯科特于1902年在该站附近搭建了探险营地——发现号小屋。这一带地处埃里伯斯山脚下一处避风的山环，面朝大海，又很少受到海浪的冲击，因为站址的西侧是一片浮冰区，距离夏季水域十分接近，站址的地基为坚实可靠的火山沉积物，附近也无移动的冰川威胁，在南极洲能找到这样的"宝地"，实属不易。基于这些得天独厚的自然条件，1956年2月16日美国人在这里建立了能让他们"上天、落地、下海"的科学基地，继而越建越大，至今已有各类建筑200多栋，包括科学中心、实验馆舍、电信基础设施、消防中心、医院、餐厅、酒吧、影院、商场、教堂，一应俱全，每年夏季能容纳2000多人在这里工作。此外，在每个旅游季，基地旁边的大型机场还向这里输送上千名游客前来观光。这里俨然成了一座置身世外的现代化城市。

上　　在直升机上俯瞰麦克默多站全景

中　　麦克默多站咖啡屋的内、外景

下　　信号能覆盖全南极洲的通信台

Odyssey
on
Ice　　冰洲上的游戏　　　　　　　　　段煦南极博物笔记

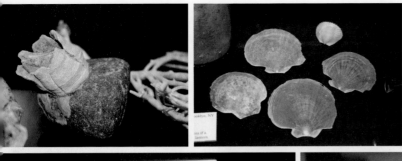

上左　蔓足类生物（一种藤壶）

上中　一种双壳纲软体动物——南极扇贝
（*Adamussium colbecki*）

上右　一种大型等足目节肢动物——南极大
王具足虫（*Glyptonotus antarcticus*）

中　　南极洲近岸洋底生活的一些多孔动物
门生物（海绵）

下左　南极洲近岸海水中的两种南极鱼科鱼
类——纽氏肩孔南极鱼（*Trematomus
newnesi*）（头朝上的）和韦尔德肩孔
南极鱼（*Trematomus loennbergii*）（两
条头朝下的）

下右　更大的一种南极鱼科鱼类——鳞头犬
牙南极鱼（*Dissostichus mawsoni*）

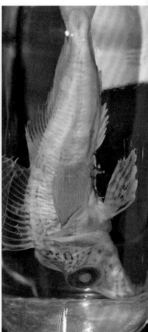

上 麦克默多站主体建筑——NSF 木屋和伯德上将纪念馆，NSF 是美国国家科学基金会（National Science Foundation）的简称

下左 科研用房

下右 南极洲（艾伦山 Allan Hills，在南纬 74°00'，东经 159°50'）发现的大型碳化植物化石，说明在三叠纪时这里是郁郁葱葱的丛林世界

观察山

观察山（Observation Hill）是麦克默多站南侧一座 230 米的小山，由罗斯岛火山喷发出的玄武岩物质构成，目前修整了登山道，游客可以直登山顶俯瞰麦克默多湾。1913 年 1 月 20 日，人们在这里竖起了一个木质十字架，以纪念罗伯特·福尔肯·斯科特（Robert Falcon Scott）和与

探极小组，由左至右分别为奥茨、鲍尔斯、斯科特、威尔逊、埃文斯（来源于英国皇家地理学会）

他一同牺牲的四名队友：劳伦斯·奥茨（Lawrence E.G.Oates）、爱德华·威尔逊（Edward Adrian Wilson）、亨利·鲍尔斯（Henry R. Bowers）、埃德加·埃文斯（Edgar Evans）。十字架上刻着他们的名字和英国诗人阿尔弗雷德·丁尼生（Alfred Tennyson）的诗歌《尤利西斯》（Ulysses）的尾句：奋斗、探索、寻觅，而不是屈服（To strive, to seek, to find, and not to yield）。十字架朝向罗斯冰架——他们埋骨的地方。

从麦克默多站看观察山

发现山

麦克默多湾是我见过的最为奇妙的海湾，奇妙之处并不在于它是地球上通航的最南水域，也不在于海湾中游弋的那一群群企鹅、虎鲸与海豹，而是海湾两侧，一左一右对称屹立着两座雄伟得令人瞠目结舌的火山锥，它们犹如擎天玉柱一般撑住了南方的天幕。东边的一座是罗斯岛上的埃里伯斯火山，它是南极洲众多名山中的"明星"，我在前文中已有详细描述，参见 P357。西边的一座叫发现山（Mount Discovery），以斯科特1901—1904 年南极探险所乘舰船"发现号"的名字命名，它是麦克默多湾周围 100 平方千米范围的地标。两座火山，尽管埃里伯斯火山更高一些，也更雄伟一些，按说理应成为麦克默多湾更好的地标或天然的灯塔，但由于它是座活火山，地热资源丰富，一个露天的大熔岩池和火山口四

发现山全景（山前有海市蜃楼）

周众多的喷汽口日夜向外界释放着大量的水蒸气和各种味道的加热气体，令它的四周总是云遮雾霭、烟气缭绕，除非天气极其晴朗，但凡有一点沉闷，它便用云雾将自己全身上下裹个严实，不肯露出半分头面。与这种故作神秘、遮遮掩掩的性格不同，发现山的脾气就大方多了，夏季大部分的天气状况下都可以看到。每每接近罗斯海的夏季冰缘，侧目西望，其雄伟身姿岿然屹立于群山之中，犹如一位和气的长者，望着眼前圣洁、清冷的琉璃世界。

发现山的高度为 2681 米，地理坐标为南纬 78°22′，东经 165°01′。船只往往在沿罗斯海西岸航道刚过南纬 77°线，便可远远瞥见它傲然的身影，鹤立鸡群地带领着横贯南极山脉一众千米左右的山峰在向你致意。当年斯科特的探险队员曾不无感慨地说："绕过伯德岬，便看见熟悉的老地标——发现山和西方山脉。"而从极点方向返回的探险队员，每每看到它高大的身影，也会由衷地感叹一句："啊，看到啦！老伙计，快到家（罗斯岛基地）啦！"

看到发现山之所以会感到它鹤立鸡群，是因为它的山脚距海面很近，从海平面直接拔升 2000 多米。另外，与埃里伯斯火山被积雪冰川所覆盖的臃肿山腰不同，发现山面对罗斯冰架的一面全是裸露的岩石，没有过

多的雪和冰，而南侧的冰川又平稳地上升到圆圆的山顶，为登山者向上攀登和滑雪下降提供了绝佳路线。1958 年，新西兰科考队曾由此登上过这座火山。发现山锥形的山体和圆头圆脑的山顶呈现出一个中心式火山特征。有这种特征的火山往往被赋予"标准火山"的标签，比如我国的长白山主峰、日本的富士山等，其喷发活动是通过一个近乎垂直方向的主通道和地下的岩浆库相连，一旦喷发，熔岩将直出地表。可惜，英雄也有迟暮时，别看它的火山锥体保存得十分完好（这在风蚀和冰川侵蚀都很严重的南极地区来说，的确很惊人），但其实际年龄已然超过了 500 万年，就连它最年轻的喷发口也已有 180 万年的历史了。由于其沉寂时间过久，叫它"休眠火山"似乎也已牵强，人们一般称其为"死火山"。

虽然，发现山作为火山的生命看似已然结束，但它作为大山的生命力依然年轻，它以横贯南极山脉长者的身份赫然耸立于群峰之中，为过客指引南来北往。

彼得一世岛

从罗斯冰架东缘到南极半岛的航线是漫长而无聊的，因为轮船驶离罗斯海后，还要"完整地横穿"两大南极陆缘海——风浪肆虐而颠簸的阿蒙森海和别林斯高晋海。南极洲在"两海"的沿岸多壁立陡峭的悬崖与漫长无垠的冰架，难以接近，并且这里的海岸线多处位于高纬，从自由通航的水域到陆地之间，还有大面积的夏季浮冰相阻隔，轮船要想开得快，就得躲开这些冰，离大陆远远的。因此，即使这一段航程是在南极圈之内，你也休想看到期待中的南极大陆、孤立水中的岛屿，或者比冰山色彩更丰富一点的风景。

手机扫码
欣赏精彩视频

彼得一世岛（Peter Ⅰ Island）是个例外，它的位置正处在这条航线的半路上，恰恰是在人们对这没完没了的航海感到十分厌烦、忍无可忍的时候，它，出现了。这个小岛是俄国航海家别林斯高晋于 1821 年 1 月

彼得一世岛

21 日发现的，以沙皇彼得一世的称号命名。它位于别林斯高晋海的中央，距南极大陆最近的海岸也有 420 千米，距南美大陆最近的海岸有 1850 千米，在南极圈之内的南纬 68°47′，西经 90°35′ 的位置，临近四周都没有岛屿，是世所公认的"世界最偏远"和"最难抵达"的地点之一，曾被德国著名女作家尤迪特·沙朗斯基（Judith Schalansky）最成功的畅销书 *Atlas of remote islands*（中文名为《偏远岛屿地图集——我从未去过且永远不会去的五十个岛屿》或《岛屿书》）所收录。

　　孤立在海中央的岛多半是个火山岛。11 千米宽、19 千米长的彼得一世岛，其形态好像一个年轻的盾状火山，在 1640 米的山顶附近，人们发现了一个直径大约 100 米的环形凹地，这有可能就是它的火山口。由于这个岛终年覆盖厚厚的冰川与皑皑积雪，且距离常规航线过于偏远，很少有专业人员对它进行测量和勘探，目前所掌握的科研资料极少。根据不多的岩石样品（以玄武岩为主，也有一些安山岩）测定，科学家们推测这里的火山年龄大约在 10 万—35 万年之间。

被厚厚冰川覆盖住的彼得一世岛北尖

以上的描述来自20世纪70—90年代发表的学术刊物,近年由于南极地质研究的兴趣不在于此,几乎没有更新的报道,自1821年发现该岛至今,全球实地看到该岛的总人数不超过1000人。

尽管广播很早就已通知全船前方的陆地位置,但狂风卷挟着雨点夹杂着雪花令守候在驾驶室窗前的我什么也看不到,前方只是一片白茫茫的,过了许久,在起伏的海面上才隐约露出一点点白斑,那是彼得一世岛的北部海角。彼得一世岛呈水滴形,南部钝圆,完全被冰川和延伸至海的冰架包裹,北部有一尖角,那里有岩石出露。由于恶劣的天气、积冰、海浪和陡峭的沿岸情况,当我们的轮船行驶到该岛北侧海角时,尽管想尽一切办法登陆考察,但冲锋舟、直升机驾驶员通过漫长的探察与决断,最终还是放弃了登陆行动,转而以大船最大限度抵近观察(距岬角2.4—3千米,不能太近,仍受周围海冰、冰山和水流限制,但能保证望远镜下对岩石层理情况的清晰聚焦),好在这个岛从深海拔地而起,几无浅滩,周围水深足以承托起大船。

岛的表面几乎完全被冰雪覆盖,并且冰层很厚,覆盖了所有的山顶,就连最尖的山顶都戴着雪帽,能看到岩石的地方只有最为陡峭的崖壁一侧,那几乎是90°的岩壁。在望远镜中,北侧岬角岩壁的玄武岩呈层状分布,柱状节理看得十分清楚。值得一提的是,在黄褐色的柱状玄武岩之间,还夹杂着一些铁红色的粉状物质,猜想可能是火山灰,也可能是富含三氧化二铁的矿物,总之,船上的地质学家想过去采样的想法是泡汤了。风还是很大,浪也很高,尽管行驶得很慢,船头还是一上一下的颠簸。庆幸的是,风吹走了大面积的乌云,天空停止了雨雪的播撒,一线蓝天露了出来,继而是一缕云隙光,打在岬角东侧的冰山上,渐渐地,整个太阳露出来了,一道彩虹拱桥似的挂在天上,把世界的尽头装扮得更加瑰丽。

上　　悬崖一隅露出的"红层"

下左　　"红层"近观

下中　　彼得一世岛的冰雪与岩石

下右　　一道彩虹挂在天上，把世
界尽头装扮得更加瑰丽

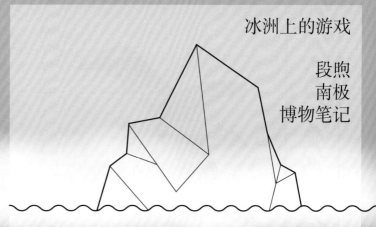

冰洲上的游戏

段煦
南极
博物笔记

附录

白眉企鹅

学名：Pygoscelis papua
英文名：Gentoo Penguin
中文别名：金图企鹅、巴布亚企鹅
何处观赏：南极半岛及南设得兰群岛
常见，环南极洲沿海散见

帽带企鹅

学名：Pygoscelis antarctica
英文名：Chinstrap Penguin
中文别名：纹颊企鹅、南极企鹅
何处观赏：南极半岛及南设得兰群岛
常见，环南极洲沿海散见

阿德利企鹅

学名：Pygoscelis adeliae
英文名：Adelie Penguin
中文别名：阿黛利企鹅
何处观赏：罗斯海沿岸常见，南极半岛及南设得兰群岛栖息地周边
常见，环南极洲沿海散见

帝企鹅

学名：Aptenodytes forsteri
英文名：Emperor Penguin
中文别名：皇帝企鹅
何处观赏：罗斯海、威德尔海繁殖地（寒季）观赏。暖季散见于繁殖地周围海域，其他海域偶见

长眉企鹅

学名：*Eudyptes chrysolophus*

英文名：Macaroni Penguin

中文别名：马可罗尼企鹅、长冠企鹅、通心粉企鹅

何处观赏：亚南极物种，有一部分在南极半岛繁殖

王企鹅

学名：*Aptenodytes patagonicus*

英文名：King Penguin

中文别名：国王企鹅

何处观赏：亚南极物种，偶尔进入南极洲周边，南极半岛及南设得兰群岛偶见

北跳岩企鹅

学名：*Eudyptes moseleyi*

英文名：Northern Rockhopper Penguin

中文别名：北方凤头黄眉企鹅

何处观赏：亚南极物种，偶尔进入南极洲周边

南跳岩企鹅

学名：*Eudyptes chrysocome*

英文名：Southern Rockhopper Penguin

中文别名：南方凤头黄眉企鹅

何处观赏：亚南极物种，偶尔进入南极洲周边

黄眉企鹅

学名：*Eudyptes pachyrhynchus*

英文名：Fiordland Penguin／Fiordland Crested Penguin

中文别名：峡湾企鹅、凤冠企鹅、福德兰企鹅

何处观赏：亚南极物种，偶尔进入南极洲周边

花斑鹱

学名：*Daption capense*

英文名：Cape Petrel

中文别名：岬海燕、海角鹱

何处观赏：南极半岛航线常见，

环南极洲海域常见或散见

南极鹱

学名：*Thalassoica antarctica*

英文名：Antarctic Petrel

中文别名：南极海燕

何处观赏：罗斯海航线常见，

环南极洲海域常见或散见

雪鹱

学名：*Pagodroma nivea*

英文名：Snow Petrel

中文别名：雪海燕、极雪海燕、雪圆尾鹱

何处观赏：罗斯海航线常见，

环南极洲海域常见或散见

鸽锯鹱

学名：*Pachyptila desolata*

英文名：Dove Prion

何处观赏：南极半岛航线常见，

环南极洲海域常见或散见

银灰暴风鹱

学名：*Fulmarus glacialoides*

英文名：Southern Fulmar

何处观赏：南极半岛航线和罗斯海航线常见，环南极洲海域常见或散见

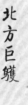

黄蹼洋海燕

学名：*Oceanites oceanicus*

英文名：Wilson's Storm Petrel

中文别名：白腰长脚海燕

何处观赏：南极半岛航线常见，环南极洲海域常见或散见

南方巨鹱

学名：*Macronectes giganteus*

英文名：Southern Giant Petrel/Giant Petrel

中文别名：南方巨海燕

何处观赏：环南极洲海域常见

北方巨鹱

学名：*Macronectes halli*

英文名：Northern Giant Petrel/Hall's Giant Petrel

中文别名：北方巨海燕、霍氏巨鹱

何处观赏：环南极洲海域常见

黑眉信天翁

学名：*Thalassarche melanophrys*

英文名：Black-browed Albatross

何处观赏：南极半岛航线常见，环南极洲海域常见或散见

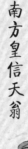

南方皇信天翁

学名：*Diomedea epomophora*

英文名：Southern Royal Albatross

中文别名：南方皇家信天翁、南方王信天翁

何处观赏：南极半岛航线和罗斯海航线常见，环南极洲海域常见或散见

漂泊信天翁

学名：Diomedea exulans

英文名：Wandering Albatross

何处观赏：南极半岛航线常见，环南极洲海域常见或散见

灰头信天翁

学名：Thalassarche chrysostoma

英文名：Grey-headed Albatross

何处观赏：南极半岛航线散见，环南极洲海域散见或偶见

灰背信天翁

学名：Phoebetria palpebrata

英文名：Light-mantled Albatross

何处观赏：罗斯海航线偶见，环南极洲海域散见或偶见

棕贼鸥

学名：Catharacta antarctica

英文名：Great Skua

中文别名：褐贼鸥

何处观赏：南极洲各沿海地区常见

灰贼鸥

学名：Stercorarius maccormicki

英文名：South Polar Skua

中文别名：麦氏贼鸥、南极贼鸥

何处观赏：南极洲各沿海地区常见

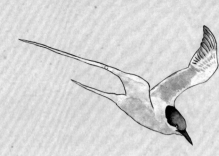

白鞘嘴鸥

学名：*Chionis albus*

中文别名：雪鞘嘴鸥

英文名：Snowy Sheathbill

何处观赏：南极洲各沿海地区常见

南极燕鸥

学名：*Sterna vittata*

英文名：Antarctic Tern

何处观赏：南极半岛及南设得兰群岛常见，南极洲其他沿海地区散见

北极燕鸥

学名：*Sterna paradisaea*

英文名：Arctic Tern

何处观赏：南极半岛及南设得兰群岛散见，南极洲其他沿海地区偶见

黑背鸥

学名：*Larus dominicanus*

英文名：Kelp Gull

何处观赏：南极半岛及南设得兰群岛常见，南极洲其他沿海地区散见

南美鸬鹚

学名：*Phalacrocorax bougainvillii*

英文名：Guanay Cormorant

何处观赏：亚南极物种，偶尔进入南极洲周边

南极鸬鹚

学名：*Leucocarbo bransfieldensis*

英文名：Antarctic Shag

何处观赏：南极半岛及南设得兰群岛常见，南极洲其他沿海地区常见或散见

南极 | 海兽谱

锯齿海豹

学名：Lobodon carcinophagus
英文名：Crabeater Seal
中文别名：食蟹海豹
何处观赏：南极洲各沿海地区
常见

威德尔海豹

学名：Leptonychotes weddellii
英文名：Weddell Seal
中文别名：威氏海豹、韦氏海豹
何处观赏：南极洲各沿海地区
常见

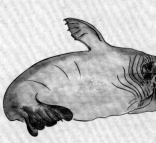

豹形海豹

学名：Hydrurga leptonyx
英文名：Leopard Seal
中文别名：豹海豹、豹斑海豹
何处观赏：南极半岛航线常见，南极洲各沿海地区常见或散见

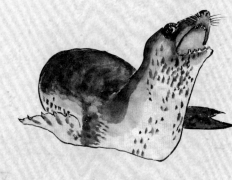

罗斯海豹

学名：Ommatophoca rossi
英文名：Ross Seal
中文别名：大眼海豹
何处观赏：南极洲高纬度浮冰区偶见

Odyssey on Ice 冰洲上的游戏　　　段煦南极博物笔记

南象海豹
学名：Mirounga leonina
英文名：Southern Elephant-seal
何处观赏：亚南极物种，南极半岛及南设得兰群岛散见或偶见，南极洲其他沿海地区偶见

亚南极海狗
学名：Arctocephalus tropicalis
英文名：Subantarctic Fur Seal
中文别名：安岛海狗、阿姆斯特丹岛海狗
何处观赏：亚南极物种，偶尔进入南极洲周边

南极海狗
学名：Arctocephalus gazella
英文名：Kerguelen Fur Seal
中文别名：南极毛皮海狮、南极毛海狮、凯尔盖朗海狗
何处观赏：亚南极物种，南极半岛及南设得兰群岛散见，南极洲其他沿海地区偶见

抹香鲸
学名：Physeter macrocephalus
英文名：Sperm Whale/Spermacet Whale
中文别名：巨抹香鲸、卡切拉特鲸
何处观赏：大洋性分布，环南极洲海域散见或偶见

长肢领航鲸
学名：Globicephala melas
英文名：Long-finned Pilot Whale
中文别名：大西洋领航鲸、黑圆头鲸
何处观赏：大洋性分布，环南极洲海域偶见

虎鲸
学名：Orcinus orca
英文名：Killer Whale / Orca
中文别名：逆戟鲸
何处观赏：罗斯海航线常见，南极半岛航线散见，环南极洲海域散见

沙漏斑纹海豚
学名：Lagenorhynchus cruciger
英文名：Hourglass Dolphin
中文别名：十字纹海豚、间纹斑纹海豚、威尔森氏海豚、南方白侧海豚
何处观赏：南大洋分布，环南极洲海域偶见

南瓶鼻鲸
学名：Hyperoodon planifrons
英文名：Southern Bottlenose Whale
中文别名：南极瓶鼻鲸、平头鲸
何处观赏：大洋性分布，环南极洲海域偶见

阿氏贝喙鲸
学名：Berardius arnuxii
英文名：Arnoux's Beaked Whale
中文别名：阿诺氏喙鲸、南方四齿鲸、南方喙鲸、新西兰喙鲸、南方巨瓶鼻鲸、南方鼠鲸
何处观赏：大洋性分布，环南极洲海域偶见

蓝鲸
学名：Balaenoptera musculus
英文名：Blue Whale
中文别名：剃刀鲸
何处观赏：大洋性分布，环南极洲海域散见或偶见

长须鲸
学名：Balaenoptera physalus
英文名：Fin Whale
中文别名：脊鳍鲸、真须鲸、鲱鲸、鳍鲸
何处观赏：大洋性分布，环南极洲海域散见或偶见

塞鲸
学名：Balaenoptera borealis
英文名：Sei Whale
中文别名：鳕鲸、黑鳕鲸、卢氏鳕鲸
何处观赏：大洋性分布，环南极洲海域散见或偶见

南极小须鲸
学名：Balaenoptera bonaerensis
英文名：Antarctic Minke Whale
中文别名：南极须鲸、南方小须鲸、南极小鳁鲸
何处观赏：南大洋分布，环南极洲海域散见

大翅鲸
学名：Megaptera novaeangliae
英文名：Humpback Whale
中文别名：座头鲸、驼背鲸、巨臂鲸、锯臂鲸
何处观赏：大洋性分布，环南极洲海域散见，暖季在南极半岛北部海湾常见

南露脊鲸
学名：Eubalaena australis
英文名：Southern Right Whale
何处观赏：大洋性分布，环南极洲海域偶见